例題でよくわかる

はじめての
多変量解析

加藤 豊 著

森北出版株式会社

まえがき

複雑な現象を解析しようとすれば，個々の変数を個別に分析するだけでは不十分であり，複数個の変数間の関係を分析する必要があります．複数の変数の値からなるデータを多変量データといい，世の中にある多くのデータはこの多変量データであるといえます．そして，複雑な現象を表現する多変量データから有用な情報を抽出し，多変量データを的確に評価するために生まれた方法論が，多変量解析です．

多変量解析のおもな目的は，下記の 3 点です．

① ある項目変数の動向を，私たちが理解しやすいほかのいくつかの要因変数から予測する．

② 多変量データが表現する現象を要約し，数個の合成変数による簡潔な表現での表示を与える．

③ 現象の背後にある構造を，潜在因子を用いて浮き彫りにする．

これらの目的や，多変量データにどうアプローチするかに応じて，多変量解析にはさまざまな手法があります．本書ではその中でも代表的な，回帰分析，数量化 I 類，数量化 II 類，クラスター分析，主成分分析，判別分析，因子分析の七つの手法を解説します．

本書の目標は，身近な多変量データを読者が自分の手で解析し，多変量解析の手法の意味と理論構成を理解してもらうことです．まず，第 1 章で上記の七つの手法を概観した後，多変量解析の理解に必要な数学の基礎知識を第 2，3 章で紹介します．第 4 章以降では，各手法について詳しく解説していきます．そこではまず，多変量解析の手法で解析できる身近な多変量データを基本問題としてとりあげ，手計算で解析してもらいます．そこで手法の意味合いを感じ取ってもらい，この感覚をもとに手法の理論構成を学ぶことで，手法の本質を深くスムーズに理解してもらいます．

多変量解析の本は数多くありますが，上記の理念を実現する本として，新たに出版することにしました．この考えに対して，ご理解をいただいた森北出版の出版部の方々，とくに，上村紗帆さん，太田陽喬さんには大変お世話になりました．ここに記して感謝の意を表します．

2020 年 4 月

著　者

目　次

1章 多変量解析とは

本章では，多変量解析の基本的な考え方について解説します．そして，多変量解析のいろいろな手法について概観します．

1.1 多変量解析の目的

「微分積分学」と「多変量解析」の期末試験の結果が表 1.1 で与えられているとします．このように，複数の変数の値からなるデータを多変量データといいます．多変量データから有用な情報を抽出するために用いられるのが，多変量解析の手法です．

表 1.1 期末試験の得点

学生	土屋	鈴木	長尾	堀田	古川	太田	池田	勝俣	木下	中村
微分積分学	30	35	30	80	65	100	90	70	25	25
多変量解析	60	100	30	100	100	100	100	65	80	45

表 1.1 より，科目「微分積分学」の期末試験での池田君と勝俣君の得点は，それぞれ 90 点，70 点です．このような，数値データで与えられる変数を量的変数とよびます．一方，レポート点や出席点を加味した池田君，勝俣君の「微分積分学」の成績が，優・良・可・不可で提示されたとします．このような順序尺度で与えられる変数を質的変数とよびます．

多変量解析は，変数間の関連性を統計的に分析し，多変量データが表現する複雑な現象を解析する有効な方法論です．そのおもな目的は，下記の 3 点です．

① ある項目変数の動向を，私たちが入手可能で理解しやすいほかのいくつかの要因変数から予測する．

② 多変量データが表現する現象を要約し，数個の合成変数による簡潔な表現での表示を与える．

③ 現象の背後にある構造を潜在因子を用いて浮き彫りにする．

たとえば，表 1.1 のデータを用いて，「微分積分学の得点から多変量解析の得点を予測する」といったことが考えられます．

多変量解析の有名な手法に，回帰分析，主成分分析，因子分析などがあります．1.3節以降では，本書の流れに沿って，これらの手法の概要について解説します．

1.2 多変量解析の準備

データの動向を把握するために重要な統計量として，標本平均・標準偏差・変動変数・相関係数などがあります．2章では，これらの統計量に関する基礎事項について復習します．

また，多変量解析の手法を理解するには，勾配ベクトル，ラグランジュ未定乗数法と固有値・固有ベクトルなどの線形代数の知識も重要です．これらについては，3章で解説します．

1.3 回帰分析とは

10都道府県の書籍・文房具小売業の売場面積と年間商品販売額のデータが，表1.2で与えられているとします．

表1.2 売場面積と年間商品販売額[1]

都道府県	北海道	青森	東京	神奈川	京都	大阪	岡山	広島	福岡	鹿児島
売場面積（単位：1000 m^2）	161	40	336	177	70	189	66	96	119	46
年間商品販売額（単位：10億円）	122	32	366	181	66	172	38	64	96	33

回帰分析を使うと，このデータから，たとえば下記のようなことがわかります．

① 売場面積が250 ($\times 1000\,\mathrm{m}^2$) である愛知県の年間販売額はいくらと予測されるか．

② 年間販売額の動向は売場面積でどのくらい説明可能か．

上記の年間商品販売額のように，予測の対象となる変数を目的変数といい，売場面積のように，目的変数を予測・説明するために用いられる変数を説明変数といいます．回帰分析では，解析者が入手可能で理解しやすいいくつかの説明変数の線形の式（これを回帰式といいます）で目的変数を推定し，回帰式を用いて目的変数の値や動向を予測します．

表1.2のように，説明変数が1個の場合の回帰分析を単回帰分析といいます（図1.1）．単回帰分析での目的変数の予測が不十分と思えば，表1.2にたとえば従業員数のデータを加えて，説明変数を売場面積と従業員数として予測することが考えられます．このように，説明変数が複数個の場合の回帰分析を重回帰分析といいます（図1.2）．

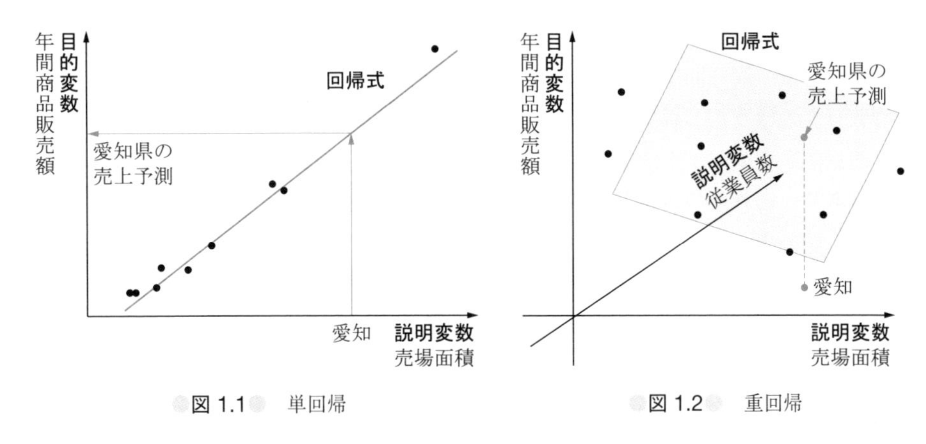

図 1.1 単回帰

図 1.2 重回帰

4 章では単回帰分析について，5 章では重回帰分析について解説します．

1.4 数量化の方法とは

表 1.3 のデータに対して，年間売上高を目的変数，広告費を説明変数とした回帰分析を考えましょう．

表 1.3 売上高のデータ (1)

営業所	1	2	3	4	5	6	7	8	9	10
広告費	90	50	40	60	50	20	50	30	40	10
年間売上高	220	190	160	150	150	130	120	100	80	70

（単位：100 万円）

表 1.3 の広告費は数値が細かすぎて，かえってわかりにくいという意見が出るかもしれません．そのようなときは，表 1.4 のように，広告費を「多い」と「少ない」の 2 段階の質的変数にすることが考えられます．また，量的変数をあえて質的変数にするのではなく，もともと質的変数が混在したデータを解析したいというケースもあるでしょう．たとえば，心理現象や社会現象を解析するときには，そのようなデータがよくみられます．

表 1.4 のデータのもとで，回帰式を推定して回帰分析を実行することも可能です．こ

表 1.4 売上高のデータ (2)

営業所	1	2	3	4	5	6	7	8	9	10
広告費	多	多	少	多	多	少	多	少	少	少
年間売上高	220	190	160	150	150	130	120	100	80	70

（単位：100 万円）

のような，目的変数が量的変数で，説明変数が質的変数の場合の解析方法を，数量化I類といいます．同じ問題に対し，実際の数値データよりも2段階や3段階に分類した質的データのほうが，説明力が高くなることもあります．

質的変数をもつデータを解析するためには，その質的変数を量的変数におきかえる必要があり，これを数量化といいます．そして，数量化して解析する手法を，数量化の方法といいます．

数量化の方法には，数量化I類のほかに数量化II類と数量化III類が有名です．数量化I類については6章で説明し，数量化II類については9章の最後の節で説明します．数量化III類はデータの要約に用いられる考え方ですが，本書では扱いません．

1.5 クラスター分析とは

北海道・東北地方の地域（7道県）の産業別就業者数のデータが，表1.5で与えられているとします．

表1.5　産業別就業者数 [2]

地域	北海道	青森	岩手	宮城	秋田	山形	福島
農業・林業	139	68	63	41	46	51	59
宿泊業・飲食サービス業	146	31	33	59	24	28	47

（単位：1000人）

クラスター分析を使うと，このデータから，たとえば下記のようなことがわかります．

① どの地域とどの地域が似ているといえるか．

② この7地域はいくつのクラスター（似た者どうしの集団）に分けられるか．

③ 異なるクラスター間の違いは何か．

クラスター分析は，異質なものが混ざり合っている対象を，それらの類似度に基づいて，クラスターに分ける手法です（図1.3）．具体的には，対象間の距離を定義して，

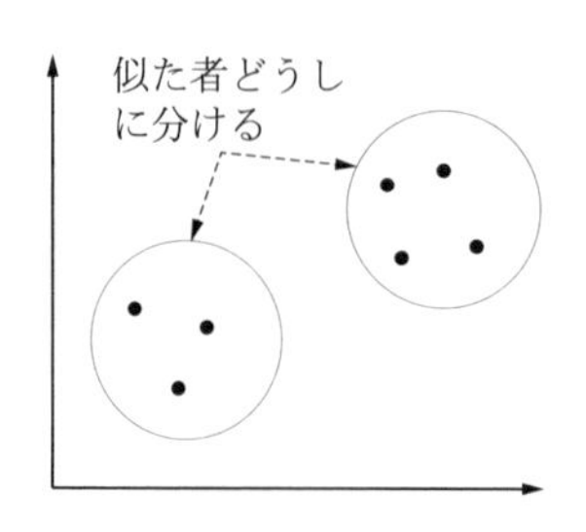

図1.3　クラスター分析

距離の近さによって対象の近さを判定します．クラスター分析は，データの構造を知り，見通しをよくするために有効な手段です．

クラスター分析は 7 章で解説します．

1.6 主成分分析とは

全国 25 都市の 1 世帯あたりの年間の，主食である米，副食である牛肉と，補助食品であるヨーグルトへの支出額のデータが，表 1.6 のように与えられているとします．

表 1.6　1 世帯あたりの年間の品目別支出額 [3]

都市	札幌市	青森市	盛岡市	仙台市	秋田市	さいたま市	千葉市
米	240	169	156	149	174	157	135
牛肉	72	117	69	80	117	105	126
ヨーグルト	82	105	111	101	106	134	101

東京都区部	横浜市	川崎市	大津市	京都市	大阪市	神戸市	奈良市	松江市
156	200	153	174	189	165	120	197	150
174	176	129	244	295	221	179	311	145
116	129	94	102	95	101	76	130	104

岡山市	広島市	山口市	徳島市	福岡市	長崎市	熊本市	大分市	鹿児島市
134	156	124	170	146	185	258	169	224
171	207	145	252	208	150	186	251	220
106	101	88	110	91	80	80	93	114

（単位：100 円）

主成分分析を使うと，このデータから，たとえば下記のようなことがわかります．

①「主食の米を重視する都市」といえるのはどこか．

② 米，牛肉，ヨーグルトへの支出額が 169（× 100 円），117（× 100 円），105（× 100 円）である青森市は，どのような食の傾向があるか．

③ 上記の予測の精度はどのくらいか．

主成分分析は，多変数からなるデータに対して，これらの変数の線形結合で与えられる数個の合成変数（これを主成分といいます）を生成し，この数個の主成分でデータの動向を解釈するという手法です（図 1.4）．このように，データの動向・変動の損失を少なく保ちながら，数個の変数に要約することは，次元の縮少といわれていて，この目的のために最もよく用いられる手法が，主成分分析です．その結果，データがもつ情報がより解釈しやすくなります．

主成分分析は 8 章で解説します．

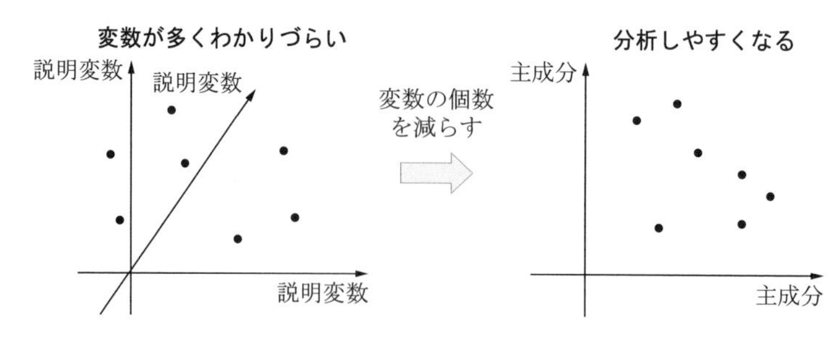

図 1.4 主成分分析

1.7 因子分析とは

160 人の身長，体重，足の大きさ，リーダーシップと心の安定性のデータが，表 1.7 で与えられているとします．ここで，リーダーシップと心の安定性は，5 段階で評価しています．

表 1.7 身長・体重・足の大きさ・リーダーシップ・心の安定性のデータ

個人	身長 [cm]	体重 [kg]	足の大きさ [cm]	リーダーシップ	心の安定性
1	151	48.5	23.5	3	3
2	142	53.0	22.0	3	3
⋮	⋮	⋮	⋮	⋮	⋮
160	192	72.0	28.0	2	3

因子分析を使うと，このデータから，たとえば下記のようなことがわかります．

① 表 1.7 の 5 次元データの背後に，どのような潜在的な共通因子があるか．

② 個人 1 の特徴は「内面的に優れている」といえるか．

③ ②の予測の精度はどのくらいか．

因子分析は，多変数で与えられるデータの背後に数個の潜在的な共通因子（これを潜在因子といいます）の存在を仮定することによって，観測されている変数間の関連性を説明しようとする手法です（図 1.5）．たとえば，上記の例では，潜在因子として体の大きさ，人間の内面が考えられます．

因子分析は，心理学関連分野や，品質管理の分野での官能検査データの解析でよく用いられています．実際の分析には統計ソフトを用いることが必要なので，本書では解析手順の考え方のみを 10 章で解説します．

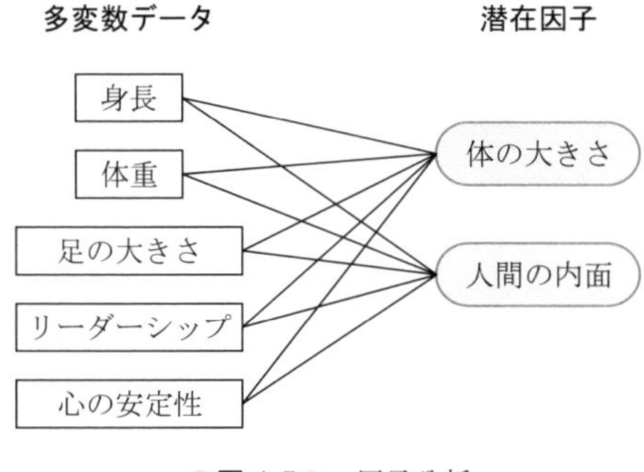

図 1.5 因子分析

1.8 判別分析とは

入学試験に関する 1 日の平均勉強時間と合否のデータが，表 1.8 で与えられているとします．

表 1.8 合格者・不合格者の平均勉強時間

学生	1	2	3	4	5	6	7	8	9	10
合否	合格	合格	合格	合格	合格	不合格	不合格	不合格	不合格	不合格
勉強時間	5.2	6.4	6.5	4.4	7.5	4.7	6.2	2.5	3.6	5.0

（単位：時間）

判別分析ではこのデータから，1 日の平均勉強時間が x である学生の合否を判定するための，判別方式という線形判別関数を導き出します．この線形判別関数が得られると，たとえば勉強時間が 6 時間 $(x = 6)$ の学生の合否を判定することができます．判別分析は 9 章で解説します．

表 1.8 の勉強時間を「多い」と「少ない」で表現したデータ（表 1.9）で，学生の合否の判別をすることもできます．表 1.9 のデータは質的データであり，この場合の判別分析と同じ分析を行う手法は，数量化 II 類といわれています．数量化 II 類は，9 章の最後の節で解説します．

表 1.9 合格者・不合格者の平均勉強時間の質的データ

学生	1	2	3	4	5	6	7	8	9	10
合否	合格	合格	合格	合格	合格	不合格	不合格	不合格	不合格	不合格
勉強時間	多	多	多	少	多	少	多	少	少	多

2章

統計の基礎事項の準備

本章では，国内総生産と電灯電力販売電力量のデータを例に用いて，データ解析のための統計的基礎を簡単に解説します．証明の一部は付録に掲載したので，必要に応じて参照してください．また，統計学の知識のある人は，読み飛ばしてもかまいません．

2.1 データの記述と統計量

国内総生産 (GDP) と電灯電力販売電力量の 10 年間のデータが，表 2.1 で与えられているとします．

表 2.1　国内総生産と電灯電力販売電力量 [4][5]

i	1	2	3	4	5	6	7	8	9	10
国内総生産（単位：1 兆円）	450	453	464	461	466	475	483	493	500	505
電灯電力販売電力量（単位：10^9 kWh）	799	817	838	824	841	834	865	883	889	920

電灯電力販売電力量の動向を知るには，データの中心とその広がりを知ることが重要です．

統計学では，与えられたデータを標本といいます．n 個のデータ $x_1, x_2, \ldots, x_n$ が与えられたとき，このデータの平均（標本平均）は

$$\overline{x} = \frac{1}{n}\sum_{i=1}^{n} x_i \tag{2.1}$$

で与えられます．これがデータの中心を示す統計量です．

また，データの広がりを測定する統計量としては，標準偏差（標本標準偏差）があります．標準偏差 s_x は

$$s_x = \sqrt{\frac{1}{n-1}\sum_{i=1}^{n}(x_i - \overline{x})^2} \tag{2.2}$$

で定義され，s_x^2 は分散（標本分散）とよばれるものです．

表 2.2　補助表

i	x_i	y_i	$x_i-\overline{x}$	$y_i-\overline{y}$	$(x_i-\overline{x})^2$	$(y_i-\overline{y})^2$	$(x_i-\overline{x})(y_i-\overline{y})$
1	450	799	−25	−52	625	2704	1300
2	453	817	−22	−34	484	1156	748
3	464	838	−11	−13	121	169	143
4	461	824	−14	−27	196	729	378
5	466	841	−9	−10	81	100	90
6	475	834	0	−17	0	289	0
7	483	865	8	14	64	196	112
8	493	883	18	32	324	1024	576
9	500	889	25	38	625	1444	950
10	505	920	30	69	900	4761	2070
計	4750	8510	0	0	3420	12572	6367

表 2.1 のデータから，国内総生産 (x) と電灯電力販売電力量 (y) の標本平均 $\overline{x},\overline{y}$ と標準偏差 s_x, s_y を求めるときは，表 2.2 のような補助表を作成すると便利です．

補助表から，平均国内総生産 $\overline{x}$ と平均電灯電力販売電力量 $\overline{y}$ は

$$\overline{x}=\frac{4750}{10}=475 \quad (\times 1 \text{ 兆円}), \qquad \overline{y}=\frac{8510}{10}=851 \quad (\times 10^9\,\text{kWh})$$

であることがわかります．さらに，国内総生産と電灯電力販売電力量の標準偏差 s_x, s_y は

$$s_x=\sqrt{\frac{3420}{9}}=19.49, \quad s_y=\sqrt{\frac{12572}{9}}=37.37$$

となります．

電灯電力販売電力量の広がりのほうが国内総生産の広がりより大きいですが，平均も販売電力量のほうが大きいので，単純には比較できません．標準偏差は，一般に単位をもっているので，平均が違いすぎるデータを比較するときには都合が悪いのです．

そこで，標準偏差の値を平均の絶対値で割った，変動係数とよばれる値を用いて比較します．変動係数 v_x は，

$$v_x=\frac{\text{標準偏差}}{|\text{平均}|}=\frac{s_x}{|\overline{x}|} \tag{2.3}$$

で与えられます．国内総生産と電灯電力販売電力量の変動係数 v_x, v_y を計算すると，

$$v_x=\frac{s_x}{|\overline{x}|}=\frac{19.49}{475}=0.041, \quad v_y=\frac{s_y}{|\overline{y}|}=\frac{37.37}{851}=0.044$$

となります．変動係数で比較すると，ほぼ同じであることがわかりました．

国内総生産 (x) は，私たちが入手可能で理解しやすい変数なので，もし国内総生産と電灯電力販売電力量 (y) の間に関連があるならば，x のデータから対応する y の値

を予測することができます．そこで，国内総生産と電灯電力販売電力量の相関を調べてみましょう．

n 個の2次元データ $(x_1, y_1), (x_2, y_2), \ldots, (x_n, y_n)$ が与えられ，それぞれのデータの平均，標準偏差を $\overline{x}, \overline{y}$, s_x, s_y とします．ここで，積和を

$$S_{xx} = \sum_{i=1}^{n}(x_i - \overline{x})^2, \quad S_{yy} = \sum_{i=1}^{n}(y_i - \overline{y})^2, \quad S_{xy} = \sum_{i=1}^{n}(x_i - \overline{x})(y_i - \overline{y})$$

とおきます．すると，標準偏差は

$$s_x = \sqrt{\frac{S_{xx}}{n-1}}, \quad s_y = \sqrt{\frac{S_{yy}}{n-1}}$$

となります．よって，変数 x, y の分散は

$$s_x^2 = \frac{S_{xx}}{n-1}, \quad s_y^2 = \frac{S_{yy}}{n-1}$$

です．

変数 x, y の共分散は

$$C_{xy} = \frac{1}{n-1}\sum_{i=1}^{n}(x_i - \overline{x})(y_i - \overline{y}) = \frac{S_{xy}}{n-1} \tag{2.4}$$

で与えられます．そして，変数 x, y のデータの相関係数は

$$r_{xy} = \frac{C_{xy}}{s_x s_y} = \frac{S_{xy}}{\sqrt{S_{xx}S_{yy}}} \tag{2.5}$$

で定義されます．したがって，補助表（表2.2）より，国内総生産 (x) と電灯電力販売電力量 (y) の共分散は

$$C_{xy} = \frac{S_{xy}}{n-1} = \frac{6367}{9} = 707.44$$

となり，式(2.5)より相関係数は

$$r_{xy} = \frac{707.44}{19.49 \times 37.37}\left(= \frac{6367}{\sqrt{3420 \times 12572}}\right) = 0.971$$

となります．相関係数の値が十分大きいので，国内総生産の動向から，電灯電力販売電力量の変化が予測できることがわかります．

2.2 確率分布と平均，分散，相関係数

前節では，与えられたデータ（標本）からそのデータの平均や標準偏差などを求めました．統計学の立場では，標本は母集団という全体から抽出された部分とみなしま

す．そして，標本の統計量から，以下で紹介する，母平均や母標準偏差といった母集団の特性を推測します．

母集団を支配する確率分布の確率密度関数を $f(x)$ とします．$f(x)$ は，たとえば図 2.1 のような形をしていて，

$$\int_{-\infty}^{\infty} f(x)dx = 1$$

をみたしています．そして，

$$F(x) = \int_{-\infty}^{x} f(t)dt$$

を分布関数といいます．

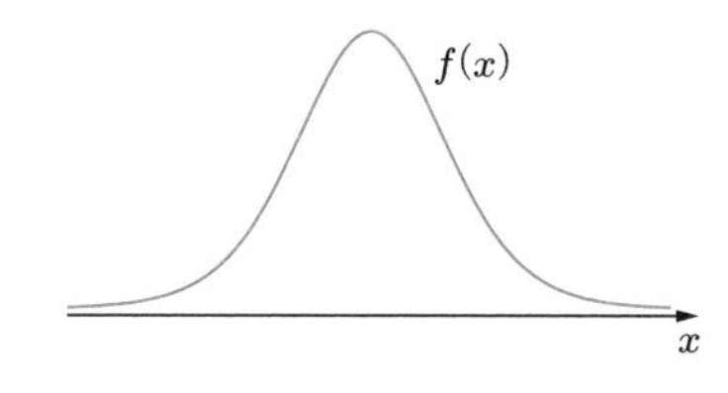

図 2.1　確率密度関数

いま，変数 x が確率密度関数 $f(x)$ に従うとき，変数 x の期待値（母平均）は

$$E(x) = \int_{-\infty}^{\infty} xf(x)dx \tag{2.6}$$

で与えられます．期待値は，変数 x, y の定数 a について，つぎの式が成り立ちます．

$$\begin{aligned} E(ax) &= aE(x) \\ E(x+y) &= E(x) + E(y) \end{aligned} \tag{2.7}$$

変数 x の分散（母分散）は

$$V(x) = \int_{-\infty}^{\infty} (x - E(x))^2 f(x)dx \tag{2.8}$$

で与えられ，標準偏差（母標準偏差）は

$$s(x) = \sqrt{V(x)} \tag{2.9}$$

で与えられます．分散 $V(x)$ は，期待値を用いて

$$V(x) = E((x - E(x))^2) \tag{2.10}$$

とも表現できます．これを展開すると，

$$V(x) = E(x^2) - (E(x))^2$$

となります．また，定数 a について，つぎの式が成り立ちます．

$$V(ax) = a^2 V(x) \tag{2.11}$$

変数がベクトルのとき，すなわち $\boldsymbol{x} = \begin{pmatrix} x \\ y \end{pmatrix}$ のとき，$\boldsymbol{x}$ の確率密度関数 $f(x, y)$ は同時確率密度関数とよばれ，

$$\int_{-\infty}^{\infty} \int_{-\infty}^{\infty} f(x, y) dx dy = 1$$

をみたします．そして，

$$f(x) = \int_{-\infty}^{\infty} f(x, y) dy$$

を変数 x の周辺確率密度関数といい，

$$f(y) = \int_{-\infty}^{\infty} f(x, y) dx$$

を変数 y の周辺確率密度関数といいます．

関数 $g(x, y)$ の期待値を

$$E(g(x, y)) = \int_{-\infty}^{\infty} \int_{-\infty}^{\infty} g(x, y) f(x, y) dx dy$$

で定義すると，変数 x, y の期待値と分散は

$$E(x) = \int_{-\infty}^{\infty} \int_{-\infty}^{\infty} x f(x, y) dx dy = \int_{-\infty}^{\infty} x f(x) dx$$

$$E(y) = \int_{-\infty}^{\infty} \int_{-\infty}^{\infty} y f(x, y) dx dy = \int_{-\infty}^{\infty} y f(y) dy$$

$$V(x) = \int_{-\infty}^{\infty} \int_{-\infty}^{\infty} (x - E(x))^2 f(x, y) dx dy = \int_{-\infty}^{\infty} (x - E(x))^2 f(x) dx$$

$$V(y) = \int_{-\infty}^{\infty} \int_{-\infty}^{\infty} (y - E(y))^2 f(x, y) dx dy = \int_{-\infty}^{\infty} (y - E(y))^2 f(y) dy$$

で与えられます．

変数 $\boldsymbol{x} = \begin{pmatrix} x \\ y \end{pmatrix}$ は2次元なので，共分散や相関係数という特性値が定義されます．

変数 x, y の共分散は

$$C(x, y) = \int_{-\infty}^{\infty} \int_{-\infty}^{\infty} (x - E(x))(y - E(y)) f(x, y) dx dy \tag{2.12}$$

で定義されますが，期待値で表現すると

$$C(x,y) = E((x - E(x))(y - E(y)))$$
$$= E(xy) - E(x)E(y) \tag{2.13}$$

となります．また，変数 x, y の相関係数（母相関係数）は

$$\rho_{xy} = \frac{C(x,y)}{\sqrt{V(x)V(y)}} \tag{2.14}$$

で与えられます．

同時確率密度関数 $f(x,y)$ が周辺確率密度関数を用いて

$$f(x,y) = f(x)f(y)$$

と表現できるとき，変数 x と y は互いに独立であるといいます．もし，x と y が独立なら，

$$E(xy) = E(x)E(y)$$

と表現できるので，

$$C(x,y) = E(xy) - E(x)E(y) = E(x)E(y) - E(x)E(y) = 0$$

となり，x と y の相関係数に対して

$$\rho_{xy} = 0$$

が成立します．

また，x と y が独立ならば，$x + y$ の分散 $V(x + y)$ に対して

$$V(x + y) = V(x) + V(y) \tag{2.15}$$

が成立します．

データ解析で重要な標本平均の期待値，分散，分布がどう表現されるかは，次節でみていきます．

2.3 統計量の分布

母集団から n 個のデータ $x_1, x_2, \ldots, x_n$ をとり，母集団分布の平均が μ で分散が σ^2 であるとします．$x_1, x_2, \ldots, x_n$ は互いに独立であるとき，式 (2.7), (2.11), (2.15) より，標本平均 $\overline{x}$ の平均と分散は

$$
\begin{aligned}
E(\overline{x}) &= E\left(\frac{1}{n}\sum_{i=1}^{n} x_i\right) = \frac{1}{n}\sum_{i=1}^{n} E(x_i) = \frac{1}{n}\sum_{i=1}^{n} \mu = \mu \\
V(\overline{x}) &= V\left(\frac{1}{n}\sum_{i=1}^{n} x_i\right) = \frac{1}{n^2}\sum_{i=1}^{n} V(x_i) = \frac{1}{n^2}\sum_{i=1}^{n} \sigma^2 = \frac{\sigma^2}{n}
\end{aligned}
\tag{2.16}
$$

となります．よって，標本平均 $\overline{x}$ が平均 μ の推定値であることがわかります．

さらに，中心極限定理より，データ数を大きくしていくと，標本平均 $\overline{x}$ の分布は平均 μ，分散 $\dfrac{\sigma^2}{n}$ の正規分布（以下で説明）に近づいていくことが知られています．多変量解析では，母集団分布を正規分布と仮定することが多いです．正規分布をもつ母集団を，正規母集団といいます．

平均 μ，分散 σ^2 の正規分布を $N(\mu, \sigma^2)$ で表すと，標本平均 $\overline{x}$ の分布は $N\left(\mu, \dfrac{\sigma^2}{n}\right)$ で近似されると表現できます．

(1) 正規分布 $N(\mu, \sigma^2)$　正規分布の確率密度関数は，

$$
f(x) = \frac{1}{\sqrt{2\pi}\sigma} \exp\left[-\frac{(x-\mu)^2}{2\sigma^2}\right]
\tag{2.17}
$$

で与えられます．変数 x が正規分布に従うとき，定数 a, b に対し，$ax + b$ も正規分布に従います．

$N(\mu, \sigma^2)$ に従う変数 x を標準化する，つまり，

$$
y = \frac{x-\mu}{\sigma}
$$

とすると，変数 y の平均と分散は

$$
\begin{aligned}
E(y) &= \frac{1}{\sigma}E(x-\mu) = \frac{1}{\sigma}(E(x)-\mu) = 0 \\
V(y) &= E((y-E(y))^2) = E(y^2) = \frac{1}{\sigma^2}E((x-\mu)^2) = \frac{1}{\sigma^2} \times \sigma^2 = 1
\end{aligned}
$$

となります．平均 0，分散 1 の正規分布 $N(0, 1)$ をとくに，標準正規分布といいます．

(2) 2次元正規分布　変数 $\boldsymbol{x} = \begin{pmatrix} x \\ y \end{pmatrix}$ に対して，平均，分散と相関係数を

$$
\begin{aligned}
&\mu_x = E(x), \quad \mu_y = E(y) \\
&\sigma_x^2 = V(x), \quad \sigma_y^2 = V(y) \\
&\rho_{xy} = \frac{C(x,y)}{\sqrt{V(x)V(y)}}
\end{aligned}
$$

と表現すると，共分散は

$$C(x,y) = \rho_{xy}\sigma_x\sigma_y$$

で与えられます．

変数 $\boldsymbol{x}$ の同時確率密度関数 $f(x,y)$ が

$$f(x,y) = \frac{1}{2\pi\sqrt{1-\rho_{xy}^2}\sigma_x\sigma_y}\exp\left[-\frac{1}{2}D^2\right] \tag{2.18}$$

$$D^2 = \frac{1}{1-\rho_{xy}^2}\left\{\frac{(x-\mu_x)^2}{\sigma_x^2} - 2\rho_{xy}\frac{(x-\mu_x)(y-\mu_y)}{\sigma_x\sigma_y} + \frac{(y-\mu_y)^2}{\sigma_y^2}\right\} \tag{2.19}$$

であるとき，$\boldsymbol{x}$ は 2 次元正規分布に従います．式 (2.18) を，p 次元正規分布 $(p \geq 2)$ の同時確率密度関数が容易に想像できるような式に変形しましょう．そのために，平均ベクトル $\boldsymbol{\mu}$ と分散共分散行列 Σ を以下のように定義します．

平均ベクトル $\boldsymbol{\mu}$ は，変数 x, y の平均 $E(x), E(y)$ を要素にもつベクトルです．すなわち，

$$\boldsymbol{\mu} = E(\boldsymbol{x}) = \begin{pmatrix} E(x) \\ E(y) \end{pmatrix} = \begin{pmatrix} \mu_x \\ \mu_y \end{pmatrix}$$

で表されるものです．分散共分散行列 Σ は，対角要素に変数 x, y の分散 $V(x), V(y)$，非対角要素に共分散 $C(x,y)$ をもつ行列です．すなわち，

$$\Sigma = \begin{pmatrix} V(x) & C(x,y) \\ C(x,y) & V(y) \end{pmatrix} = \begin{pmatrix} \sigma_x^2 & \rho_{xy}\sigma_x\sigma_y \\ \rho_{xy}\sigma_x\sigma_y & \sigma_y^2 \end{pmatrix}$$

で表されます．

1 次元正規分布の確率密度関数の式 (2.17) を

$$f(x) = \frac{1}{\sqrt{2\pi}\sigma}\exp\left[-\frac{1}{2}(x-\mu)(\sigma^2)^{-1}(x-\mu)\right] \tag{2.20}$$

と変形します．同様に，2 次元正規分布の同時確率密度関数の式 (2.18) は

$$f(x,y) = \frac{1}{(\sqrt{2\pi})^2\sqrt{|\Sigma|}}\exp\left[-\frac{1}{2}(\boldsymbol{x}-\boldsymbol{\mu})^T\Sigma^{-1}(\boldsymbol{x}-\boldsymbol{\mu})\right] \tag{2.21}$$

と変形できます（証明は付録 A.1 参照）．ここで，$|\Sigma|$ は Σ の行列式（3.3 節参照）であり，

$$\boldsymbol{x}-\boldsymbol{\mu}=\begin{pmatrix} x-\mu_x \\ y-\mu_y \end{pmatrix}$$

です．

よって，式 (2.20), (2.21) の表現より，p 次元正規分布の同時確率密度関数は

$$f(x_1,\ldots,x_p)=\frac{1}{(\sqrt{2\pi})^p\sqrt{|\Sigma|}}\exp\left[-\frac{1}{2}(\boldsymbol{x}-\boldsymbol{\mu})^T\Sigma^{-1}(\boldsymbol{x}-\boldsymbol{\mu})\right]$$

となることが想像できます．ここで，Σ は p 次の分散共分散行列で，

$$\boldsymbol{x}-\boldsymbol{\mu}=\begin{pmatrix} x_1-E(x_1) \\ x_2-E(x_2) \\ \vdots \\ x_p-E(x_p) \end{pmatrix}$$

です．

式 (2.18) を積分すると，変数 x, y の周辺確率密度関数が求まります．つまり，

$$f(x)=\int_{-\infty}^{\infty}f(x,y)dy=\frac{1}{\sqrt{2\pi}\sigma_x}\exp\left[-\frac{(x-\mu_x)^2}{2\sigma_x^2}\right]$$

$$f(y)=\int_{-\infty}^{\infty}f(x,y)dx=\frac{1}{\sqrt{2\pi}\sigma_y}\exp\left[-\frac{(y-\mu_y)^2}{2\sigma_y^2}\right]$$

です（これは演習問題で証明します）．すなわち，変数 x, y はそれぞれ，正規分布 $N(\mu_x,\sigma_x^2), N(\mu_y,\sigma_y^2)$ に従っていることがわかります．

(3)　統計量の分布　母集団分布が $N(\mu,\sigma^2)$ の正規母集団から取り出された互いに独立な n 個のデータを，$x_1, x_2, \ldots, x_n$ とします．このとき，これらのデータやその統計量について，以下のような性質が成り立ちます．

① 式 (2.16) より，標本平均 $\overline{x}$ は $N\left(\mu, \dfrac{\sigma^2}{n}\right)$ に従います．

② $\overline{x}$ を標準化した $\dfrac{\overline{x}-\mu}{\sqrt{\sigma^2/n}}$ は，標準正規分布 $N(0,1)$ に従います．標準正規分布に関するいろいろな確率の計算は，付表 1，2 の標準正規分布表を用います．

③ 分散 σ^2 が未知の場合には，σ^2 の推定量として標本分散 s_x^2 を用います．このとき，統計量 $t=\dfrac{\overline{x}-\mu}{\sqrt{s_x^2/n}}$ は自由度 $(n-1)$ の t 分布（$t(n-1)$ と書きます）に従います．t 分布に関しても，その計算には，付表 4 の t 分布表を用います．

④ 平方和 $S_{xx}=\sum_{i=1}^{n}(x_i-\overline{x})^2$ の分布を考えるとき，統計量 $\chi^2=\dfrac{S_{xx}}{\sigma^2}$ は自由度

$(n-1)$ の χ^2 分布（$\chi^2(n-1)$ と書きます）に従います．χ^2 分布に関しても，その計算には付表 3 の χ^2 分布表を用います．

⑤ ⓐ $x_1, \ldots, x_n$ が互いに独立で標準正規分布 $N(0,1)$ に従うとき，$x_1^2 + \cdots + x_n^2$ は自由度 n の χ^2 分布に従います．

ⓑ $x_1, \ldots, x_n$ が互いに独立で $N(\mu, \sigma^2)$ に従うとき，

$$Z_k = \frac{\displaystyle\sum_{i=1}^{k} x_i - kx_{k+1}}{\sigma\sqrt{k(k+1)}} \quad (k = 1, 2, \ldots, n-1)$$

とおくと，$Z_1, \ldots, Z_{n-1}$ は互いに独立に標準正規分布 $N(0,1)$ に従い，$\dfrac{S_{xx}}{\sigma^2} = \displaystyle\sum_{i=1}^{n-1} Z_i^2$ は自由度 $(n-1)$ の χ^2 分布に従います．

ⓒ ⓑより，

$$E\left(\frac{S_{xx}}{\sigma^2}\right) = \sum_{i=1}^{n-1} E(Z_i^2) = n-1$$

であるので，$E\left(\dfrac{S_{xx}}{n-1}\right) = \sigma^2$ となり，標本分散（不偏分散）S_x^2 は σ^2 の推定値であることがわかります．

⑥ $x_1, x_2, \ldots, x_{n_1}$ を正規母集団 $N(\mu_x, \sigma_x^2)$ からのデータとし，$y_1, y_2, \ldots, y_{n_2}$ を正規母集団 $N(\mu_y, \sigma_y^2)$ からのデータとします．すると，④より

$$\frac{S_{xx}}{\sigma_x^2} \sim \chi^2(n_1 - 1)$$
$$\frac{S_{yy}}{\sigma_y^2} \sim \chi^2(n_2 - 1)$$

となります．ここで，記号 "∼" は，両辺が同じ確率分布に従うことを表します．ここで，

$$V_x = \frac{S_{xx}}{n_1 - 1}$$
$$V_y = \frac{S_{yy}}{n_2 - 1}$$

とおきます．すると，統計量 $F = \dfrac{V_x/\sigma_x^2}{V_y/\sigma_y^2}$ は自由度 $(n_1 - 1, n_2 - 1)$ の **F 分布**（$F(n_1 - 1, n_2 - 1)$ と書きます）に従います．F 分布表も，付表 5, 6 で与えてあります．

2.4 検定と推定

母集団分布が正規分布 $N(\mu, \sigma^2)$ である母集団からの n 個のデータを $x_1, x_2, \ldots, x_n$ とします．ここで，母分散 σ^2 は未知とします．このとき，母平均 μ が指定された値 μ_0 と異なるかどうかを判定することを，母平均の検定といいます．

この場合，以下に示す帰無仮説を対立仮説に対して検定します．

$$\left.\begin{array}{l} \text{帰無仮説 } H_0;\ \mu = \mu_0 \\ \text{対立仮説 } H_1;\ \mu \neq \mu_0 \end{array}\right\} \tag{2.22}$$

このような場合を両側検定といい，もし，対立仮説が $H_1;\ \mu > \mu_0$ や $H_1;\ \mu < \mu_0$ であれば，片側検定といいます．多くの場合は両側検定で検定を行います．

母平均 μ の推定量は標本平均 $\overline{x} = \dfrac{1}{n}\sum_{i=1}^{n} x_i$ であり，$\overline{x}$ は正規分布 $N\left(\mu, \dfrac{\sigma^2}{n}\right)$ に従うことが知られているので，統計量

$$\frac{\overline{x} - \mu}{\sqrt{\sigma^2/n}}$$

は標準正規分布 $N(0, 1)$ に従います．ただし，母分散 σ^2 は未知であるので，σ^2 のところに標本分散

$$s_x^2 = \frac{1}{n-1}\sum_{i=1}^{n}(x_i - \overline{x})^2$$

を代入した統計量

$$t = \frac{\overline{x} - \mu}{\sqrt{s_x^2/n}} \tag{2.23}$$

を考えます．これは，自由度 $(n-1)$ の t 分布に従うので（2.3節 (3) の③参照），帰無仮説 $H_0;\ \mu = \mu_0$ のもとでは，

$$t_0 = \frac{\overline{x} - \mu_0}{\sqrt{s_x^2/n}}$$

は $t(n-1)$ に従います．

ここで，有意水準5%のパーセント点 $t(n-1; 0.05)$ を，図2.2のように定義します．すなわち，$t(n-1)$ の確率密度関数を $f(x)$ とすると，$t(n-1; 0.05)$ は，統計量 t_0 が確率0.95で入る区間の横軸上の右端の点であり，式では

$$P\left\{\left|t_0 = \frac{\overline{x} - \mu_0}{\sqrt{s_x^2/n}}\right| \leqq t(n-1; 0.05)\right\} = \int_{-t(n-1;0.05)}^{t(n-1;0.05)} f(t)dt = 0.95$$

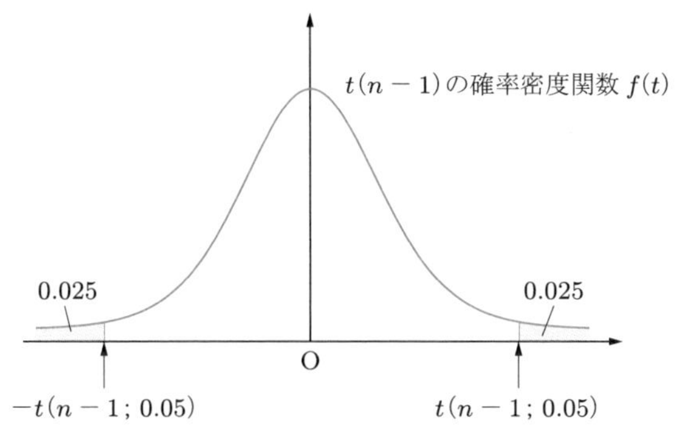

図 2.2 確率密度関数とパーセント点

をみたす値と定義されます．そして，データから統計量 t_0 を計算し，$|t_0|$ が $t(n-1;0.05)$ より大きければ，このデータは $t(n-1)$ に従う母集団から抽出されたものではないと考え，帰無仮説 $H_0; \mu=\mu_0$ を棄却し，統計的に $\mu \neq \mu_0$ と判断します．また，帰無仮説 H_0 を棄却する棄却域を

$$w;\ \left| t_0 = \frac{\overline{x}-\mu_0}{\sqrt{s_x^2/n}} \right| > t(n-1;0.05)$$

と表現します．すなわち，H_0 が正しいと思えば，$t_0 = \dfrac{\overline{x}-\mu_0}{\sqrt{s_x^2/n}}$ は図 2.2 の確率密度関数 $f(x)$ に従っているので，データから求めた t_0 がこの分布の両端 5%のところにあれば，H_0 は正しくないと統計的に判断します．

つぎに，母平均がどの範囲の値をとりうるかを調べるため，母平均 μ の信頼区間を求めてみましょう．統計量 $t = \dfrac{\overline{x}-\mu}{\sqrt{s_x^2/n}}$ は $t(n-1)$ に従うので，パーセント点 $t(n-1;0.05)$ を用いると

$$P\left\{ \left| \frac{\overline{x}-\mu}{\sqrt{s_x^2/n}} \right| \leqq t(n-1;0.05) \right\} = 0.95$$

が成立します．これを変形すると

$$P\left\{ \overline{x} - t(n-1;0.05)\sqrt{\frac{s_x^2}{n}} \leqq \mu \leqq \overline{x} + t(n-1;0.05)\sqrt{\frac{s_x^2}{n}} \right\} = 0.95$$

であるので，確率 95%で母平均 μ は区間

$$\left(\overline{x} - t(n-1;0.05)\sqrt{\frac{s_x^2}{n}},\ \overline{x} + t(n-1;0.05)\sqrt{\frac{s_x^2}{n}} \right)$$

に入ります．これを μ の信頼度 95%の信頼区間といい，

$$\overline{x} \pm t(n-1; 0.05)\sqrt{\frac{s_x^2}{n}}$$

と表現することもあります．

演習問題　2 章

2.1　表 2.3 で，学生 10 人の期末試験の結果が与えられている．このとき，微分積分学の点数を変数 x，多変量解析の点数を変数 y としたとき，変数 x, y の平均，標準偏差と変動係数，さらに x と y の相関係数を求めよ．

表 2.3　期末試験の得点

学生	1	2	3	4	5	6	7	8	9	10
微分積分学	30	35	30	80	65	100	90	70	25	25
多変量解析	60	100	30	100	100	100	100	65	80	45

2.2　式 (2.18), (2.19) で与えられる 2 次元正規分布の同時確率密度関数 $f(x, y)$ に対して，周辺確率密度関数 $f(x)$ は

$$f(x) = \int_{-\infty}^{\infty} f(x, y)dy = \frac{1}{\sqrt{2\pi}\sigma_x} \exp\left[-\frac{(x-\mu_x)^2}{2\sigma_x^2}\right]$$

であることを示せ．

3章

線形代数の基礎事項の準備

本章では，多変量解析の手法を理解するうえで必要となる線形代数の知識について解説します．証明の一部は付録に掲載したので，必要に応じて参照してください．本章も，知識のある人は読み飛ばしてもかまいません．

3.1 勾配ベクトル

本書では，多次元データの解析を扱うので，多変数関数 $f(x_1, x_2 \ldots, x_p)$ の導関数の性質が必要です．そして，多変数関数の導関数を要素とするベクトルが勾配ベクトルです．

2 変数関数 $f(x, y)$ を考えます．$f(x, y)$ の x と y に関する導関数は偏導関数とよばれ，それぞれ

$$f_x(x, y) = \frac{\partial}{\partial x} f(x, y), \quad f_y(x, y) = \frac{\partial}{\partial y} f(x, y)$$

と表現されます．また，関数 $f(x)$ の導関数 $f'(x) = \dfrac{d}{dx} f(x)$ を求めることを，関数 $f(x)$ を変数 x で微分するというのに対し，$\dfrac{\partial}{\partial x} f(x, y)$ を求めることを，関数 $f(x, y)$ を変数 x で偏微分するといいます．

偏導関数 $f_x(x, y)$ と $f_y(x, y)$ を要素にもつベクトル

$$\nabla f(x, y) = \begin{pmatrix} f_x(x, y) \\ f_y(x, y) \end{pmatrix}$$

を勾配ベクトルといい，これは多変量解析で重要な役割を果たします．とくに，次の定理がよく利用されます．

定理 3.1　関数 $f(x, y)$ が点 (a, b) で偏微分可能でかつ極値（極大値または極小値）をとれば，つぎの式が成り立つ．

$$\nabla f(a, b) = \begin{pmatrix} f_x(a, b) \\ f_y(a, b) \end{pmatrix} = \begin{pmatrix} 0 \\ 0 \end{pmatrix} \tag{3.1}$$

この定理 3.1 の証明は付録 A.2 で与えるので，ここでは 1 変数関数の性質から定理 3.1 の結果を想像することにしましょう．

いま，関数 $f(x) = x^3 - 6x^2 + 9x$ のグラフを描いてみましょう．

$$f'(x) = 3x^2 - 12x + 9 = 3(x^2 - 4x + 3) = 3(x-1)(x-3)$$
$$f(1) = 1 - 6 + 9 = 4$$
$$f(3) = 27 - 54 + 27 = 0$$

なので，図 3.1 を得ることができます．

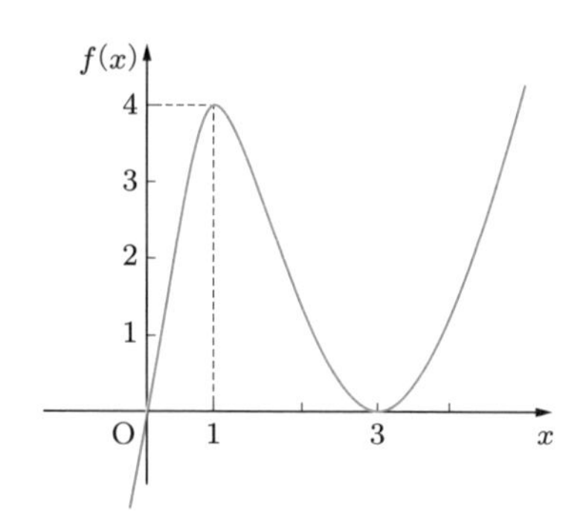

図 3.1 $x^3 - 6x^2 + 9x$ のグラフ

図 3.1 より，$f(x)$ は $x = 1$ で極大値 4，$x = 3$ で極小値 0 をとり，それぞれの点での導関数の値は，$f'(1) = 0$，$f'(3) = 0$ です．

同様に，2 変数関数 $f(x, y)$ が点 (a, b) で極値（極大値または極小値）をとれば，その点での偏導関数の値が 0 であることが想像できます．すなわち，極値をとる点での勾配ベクトルはゼロベクトル $\mathbf{0}$ です．

3.2 ラグランジュ未定乗数法

8 章の主成分分析の解析では，x, y に関するある条件式のもとで関数 $f(x, y)$ を最大にする解が重要な役割を果たします．本節では，制約条件 $g(x, y) = 0$ のもとで関数 $f(x, y)$ の極値を探すときに用いるラグランジュ未定乗数法を解説します．

なお，$g(x, y) = 0$，$g_x(x, y) = 0$ かつ $g_y(x, y) = 0$ をみたす解を，$g(x, y) = 0$ の特異点といいますが，本書で扱う問題では，特異点が存在することはありません．

定理 3.2（ラグランジュ未定乗数法） $f(x,y)$ と $g(x,y)$ は偏微分可能であり，$g_x(x,y)$ と $g_y(x,y)$ は連続関数とする．このとき，条件 $g(x,y)=0$ のもとで $f(x,y)$ が点 (a,b) で極値をとり，点 (a,b) が $g(x,y)=0$ の特異点でないならば，

$$\begin{cases} f_x(a,b)+\lambda g_x(a,b)=0 \\ f_y(a,b)+\lambda g_y(a,b)=0 \end{cases} \quad (\lambda：\text{定数}) \tag{3.2}$$

が成立する．

► **注** ① 式 (3.2) の解をラグランジュ未定乗数法の解といいます．

② 条件 $g(x,y)=0$ のもとで $f(x,y)$ が点 (a,b) で極値をとれば，点 (a,b) は，$g(x,y)=0$ の特異点かラグランジュ未定乗数法の解のいずれかになります．

③ ラグランジュ関数を

$$h(x,y)=f(x,y)+\lambda\{g(x,y)-0\}$$

と定義します．ここで，λ をラグランジュ乗数といいます．すると，ラグランジュ未定乗数法の解は，

$$\nabla h(a,b)=\begin{pmatrix} h_x(a,b) \\ h_y(a,b) \end{pmatrix}=\begin{pmatrix} \dfrac{\partial}{\partial x}h(a,b) \\ \dfrac{\partial}{\partial y}h(a,b) \end{pmatrix}=\mathbf{0} \tag{3.3}$$

と同値です．すなわち，式 (3.2) の (a,b) は，ラグランジュ関数の勾配ベクトルがゼロベクトルとなる解です．

3.3 行　列

8 章の主成分分析では，相関係数行列という行列や，その固有値と固有ベクトルなどが重要な役割を果たすので，本節と次節で簡単に説明します．

mn 個の数 a_{ij} を縦 m，横 n の長方形に並べたもの，すなわち，

$$A=\begin{pmatrix} a_{11} & a_{12} & \cdots & a_{1n} \\ a_{21} & a_{22} & \cdots & a_{2n} \\ \vdots & \vdots & & \vdots \\ a_{m1} & a_{m2} & \cdots & a_{mn} \end{pmatrix}$$

を，m 行 n 列の行列または $m\times n$ 行列といいます．また，m 本の $(a_{11},a_{12},\ldots,$

$a_{1n}), \ldots, (a_{m1}, a_{m2}, \ldots, a_{mn})$ を行ベクトルといい，n 本の $\begin{pmatrix} a_{11} \\ a_{21} \\ \vdots \\ a_{m1} \end{pmatrix}, \cdots, \begin{pmatrix} a_{1n} \\ a_{2n} \\ \vdots \\ a_{mn} \end{pmatrix}$ を列ベクトルといいます．

行列 A の行ベクトルと列ベクトルを交換した行列を A の転置行列といい，A^T と書きます．すなわち，

$$A^T = \begin{pmatrix} a_{11} & a_{21} & \cdots & a_{m1} \\ a_{12} & a_{22} & \cdots & a_{m2} \\ \vdots & \vdots & & \vdots \\ a_{1n} & a_{2n} & \cdots & a_{mn} \end{pmatrix}$$

であり，転置行列 A^T は $n \times m$ 行列です．

$n \times n$ 行列を n 次の正方行列といいます．次章以降で用いる行列は，すべて正方行列です．また，

$$I_n = \begin{pmatrix} 1 & 0 & \cdots & \cdots & 0 \\ 0 & 1 & 0 & \cdots & 0 \\ \vdots & 0 & \ddots & & \vdots \\ \vdots & \vdots & & \ddots & 0 \\ 0 & 0 & \cdots & 0 & 1 \end{pmatrix}$$

を n 次の単位行列といいます．すなわち，対角要素（行列の対角線上にある要素）はすべて 1 で，非対角要素がすべて 0 の行列が，単位行列です．一般に，I_n を I と書くことが多いです．

正方行列 A に対して，

$$AB = BA = I$$

をみたす行列 B を A の逆行列といい，A^{-1} と書きます．すなわち，逆行列 A^{-1} は

$$AA^{-1} = A^{-1}A = I$$

をみたす行列です．

2×2 行列 $A_2 = \begin{pmatrix} a_{11} & a_{12} \\ a_{21} & a_{22} \end{pmatrix}$ と 3×3 行列 $A_3 = \begin{pmatrix} a_{11} & a_{12} & a_{13} \\ a_{21} & a_{22} & a_{23} \\ a_{31} & a_{32} & a_{33} \end{pmatrix}$ の行列式

$|A_2|, |A_3|$ は，それぞれ，

$$|A_2| = a_{11}a_{22} - a_{12}a_{21} \tag{3.4}$$

$$\begin{aligned}|A_3| &= a_{11}a_{22}a_{33} + a_{12}a_{23}a_{31} + a_{21}a_{32}a_{13} \\ &\quad - a_{13}a_{22}a_{31} - a_{12}a_{21}a_{33} - a_{11}a_{23}a_{32}\end{aligned} \tag{3.5}$$

で定義されます（一般の $n \times n$ 行列の行列式は，線形代数の教科書をみてください）．2×2 行列 A_2 では，行列式 $|A_2|$ が 0 でないとき，逆行列 A_2^{-1} は

$$A_2^{-1} = \frac{1}{|A_2|}\begin{pmatrix} a_{22} & -a_{12} \\ -a_{21} & a_{11} \end{pmatrix}$$

で与えられます．

つぎのように，行と列の成分を入れかえても同じ行列になるような行列を，対称行列といいます．

$$\begin{pmatrix} a_{11} & a_{21} & \cdots & a_{n1} \\ a_{21} & \ddots & & \vdots \\ \vdots & & \ddots & \vdots \\ a_{n1} & \cdots & \cdots & a_{nn} \end{pmatrix}$$

3.4　固有値と固有ベクトル

いま，同次方程式

$$A\boldsymbol{x} = \lambda \boldsymbol{x} \tag{3.6}$$

が解 $\boldsymbol{x} \neq \boldsymbol{0}$ をもつとき，この解を自明でない解といいます．また，λ を A の固有値といい，ベクトル $\boldsymbol{x}$ を λ に対応する固有ベクトルといいます．

式 (3.6) は同次方程式であるので，ゼロベクトル

$$\boldsymbol{0} = \begin{pmatrix} 0 \\ \vdots \\ 0 \end{pmatrix}$$

は必ず式 (3.6) の解となり，この $\boldsymbol{0}$ を自明な解といいます．また，式 (3.6) は

$$(A - \lambda I)\boldsymbol{x} = \boldsymbol{0} \tag{3.7}$$

と表現でき，λ が A の固有値であれば，式 (3.7) には自明でない解 $\boldsymbol{x} \neq \boldsymbol{0}$ が存在しま

す．よって，係数行列 $(A-\lambda I)$ の逆行列は存在しません．なぜなら，逆行列が存在すれば，式 (3.7) の解は

$$\boldsymbol{x}=(A-\lambda I)^{-1}\mathbf{0}=\mathbf{0}$$

となり，自明な解しか存在しないからです．

以上から，$(A-\lambda I)$ の行列式は 0 となり，A の固有値 λ は

$$|A-\lambda I|=0 \tag{3.8}$$

をみたしています．この式 (3.8) を固有方程式といいます．行列 A が与えられたら，対応する固有方程式 (3.8) より A の固有値 λ を求め，λ に対応する固有ベクトル $\boldsymbol{x}$ は，式 (3.6) より求めることができるのです．

例題 3.1　下記の行列 A の固有値と固有ベクトルを求めよ．

$$A=\begin{pmatrix}1&\alpha&0\\ \alpha&1&\beta\\ 0&\beta&1\end{pmatrix}\quad(0<\alpha,\beta<1)$$

解答　固有方程式は，式 (3.5) より，

$$|A-\lambda I|=\begin{vmatrix}1-\lambda&\alpha&0\\ \alpha&1-\lambda&\beta\\ 0&\beta&1-\lambda\end{vmatrix}=(1-\lambda)^3-\alpha^2(1-\lambda)-\beta^2(1-\lambda)$$

$$=(1-\lambda)\{(1-\lambda)^2-(\alpha^2+\beta^2)\}=0$$

です．よって，固有値は，$\gamma=\sqrt{\alpha^2+\beta^2}$ とおくと

$$\lambda_1=1+\gamma,\quad \lambda_2=1,\quad \lambda_3=1-\gamma$$

となります．

$\lambda_1=1+\gamma$ に対応する固有ベクトルを求めます．ベクトル $\boldsymbol{x}$ が固有ベクトルなら，定数 c を用いて $c\boldsymbol{x}$ を考えると，これも固有ベクトルであるので，$\boldsymbol{x}=\begin{pmatrix}x_1\\ x_2\\ x_3\end{pmatrix}$ で $x_1^2+x_2^2+x_3^2=1$ の固有ベクトルを求めます．式 (3.6) より，

$$\begin{pmatrix}1&\alpha&0\\ \alpha&1&\beta\\ 0&\beta&1\end{pmatrix}\begin{pmatrix}x_1\\ x_2\\ x_3\end{pmatrix}=(1+\gamma)\begin{pmatrix}x_1\\ x_2\\ x_3\end{pmatrix}$$

をみたす $\boldsymbol{x} = \begin{pmatrix} x_1 \\ x_2 \\ x_3 \end{pmatrix}$ の中で $x_1^2 + x_2^2 + x_3^2 = 1$ をみたす $\boldsymbol{x}$ を探しましょう．上式を成分で表現すると

$$\begin{aligned} x_1 + \alpha x_2 \qquad\quad &= (1+\gamma)x_1 \\ \alpha x_1 + \ \ x_2 + \beta x_3 &= (1+\gamma)x_2 \\ \beta x_2 + \ \ x_3 &= (1+\gamma)x_3 \end{aligned}$$

であるので，1 式目と 3 式目より

$$x_1 = \frac{\alpha}{\gamma}x_2, \quad x_3 = \frac{\beta}{\gamma}x_2$$

となり，これらを $x_1^2 + x_2^2 + x_3^2 = 1$ に代入して，

$$x_1^2 + x_2^2 + x_3^2 = \frac{\alpha^2 + \gamma^2 + \beta^2}{\gamma^2}x_2^2 = 2x_2^2 = 1$$

となります．したがって，

$$x_2 = \frac{1}{\sqrt{2}}$$

であればよく，ゆえに，$\lambda_1 = 1 + \gamma$ に対応する要素の 2 乗和が 1 の固有ベクトルは，

$$\boldsymbol{x} = \begin{pmatrix} \alpha/\sqrt{2}\gamma \\ 1/\sqrt{2} \\ \beta/\sqrt{2}\gamma \end{pmatrix}$$

で与えられます．

つぎに，$\lambda_2 = 1$ の固有ベクトル $\boldsymbol{y}$ を求めましょう．ここでも要素の 2 乗和が 1 の固有ベクトルを求めます．式 (3.6) より，

$$\begin{pmatrix} 1 & \alpha & 0 \\ \alpha & 1 & \beta \\ 0 & \beta & 1 \end{pmatrix} \begin{pmatrix} y_1 \\ y_2 \\ y_3 \end{pmatrix} = \begin{pmatrix} y_1 \\ y_2 \\ y_3 \end{pmatrix}$$

をみたす $\boldsymbol{y} = \begin{pmatrix} y_1 \\ y_2 \\ y_3 \end{pmatrix}$ の中で $y_1^2 + y_2^2 + y_3^2 = 1$ をみたす $\boldsymbol{y}$ を探します．上式を成分で表現すると

$$\begin{aligned} y_1 + \alpha y_2 \qquad\quad &= y_1 \\ \alpha y_1 + \ \ y_2 + \beta y_3 &= y_2 \\ \beta y_2 + \ \ y_3 &= y_3 \end{aligned}$$

であるので，1式目（3式目）より $y_2=0$ であり，2式目より

$$y_3=-\frac{\alpha}{\beta}y_1$$

を得ます．よって，

$$y_1^2+y_2^2+y_3^2=y_1^2+0+\frac{\alpha^2}{\beta^2}y_1^2=\frac{\alpha^2+\beta^2}{\beta^2}y_1^2=\frac{\gamma^2}{\beta^2}y_1^2=1$$

であるので，

$$y_1=\frac{\beta}{\gamma}$$

であればよく，$\lambda_2=1$ に対応する固有ベクトルは

$$\boldsymbol{y}=\begin{pmatrix}\beta/\gamma\\0\\-\alpha/\gamma\end{pmatrix}$$

で与えられます．

つぎに，$\lambda_3=1-\gamma$ に対応する固有ベクトル $\boldsymbol{z}$ を求めましょう．式 (3.6) より，

$$\begin{pmatrix}1&\alpha&0\\\alpha&1&\beta\\0&\beta&1\end{pmatrix}\begin{pmatrix}z_1\\z_2\\z_3\end{pmatrix}=(1-\gamma)\begin{pmatrix}z_1\\z_2\\z_3\end{pmatrix}$$

であるので，上式を成分で表したときの1式目，3式目より

$$z_1=-\frac{\alpha}{\gamma}z_2,\quad z_3=-\frac{\beta}{\gamma}z_2$$

となり，

$$z_1^2+z_2^2+z_3^2=\frac{\alpha^2+\gamma^2+\beta^2}{\gamma^2}z_2^2=2z_2^2=1$$

が得られます．よって，$\lambda_3=1-\gamma$ に対応する固有ベクトルは

$$\boldsymbol{z}=\begin{pmatrix}-\alpha/\sqrt{2}\gamma\\1/\sqrt{2}\\-\beta/\sqrt{2}\gamma\end{pmatrix}$$

です．■

固有値・固有ベクトルは，本書のような多変量解析以外にも，さまざまな分野で活用されています．たとえば，AHP（階層化意思決定法）という意思決定の数理的手法では，一対比較行列というものを求め，その固有ベクトルを用いて，選択肢となっている項目の重要度を推定します．詳細は，「例解 AHP」，加藤豊著（ミネルヴァ書房）などを参照してください．

演習問題 3章

3.1 $A = \begin{pmatrix} 1 & \alpha & \beta \\ \alpha & 1 & 0 \\ \beta & 0 & 1 \end{pmatrix}$ の固有値と固有ベクトルを求めよ．

3.2 $A = \begin{pmatrix} 1 & 0 & 0 & 0 & 0 \\ 0 & 1 & 0 & 0 & \beta \\ 0 & 0 & 1 & \alpha & 0 \\ 0 & 0 & \alpha & 1 & 0 \\ 0 & \beta & 0 & 0 & 1 \end{pmatrix}$ の固有値と固有ベクトルを求めよ．ただし，$0 < \alpha < \beta < 1$ とする．

4章

単回帰分析 —— 別のデータから予測する

「書店の売場面積が増えると，商品販売額の増え方はどうなるか」といった，ある変数の動きから目的となる変数の動向を予測するような問題は，回帰分析で解析することができます．本章では，書店のデータなどの具体的なデータを用いて，単回帰分析を解説します．単回帰分析では十分な情報が得られない場合には，5章で解説する重回帰分析を用いて解析することを検討しましょう．

4.1 はじめに

身近なデータに回帰分析を適用してみましょう．

基本問題 10都道府県の書籍・文房具小売業の売場面積と年間商品販売額のデータが，表4.1で与えられている．このとき，売場面積を用いて年間販売額を予測する式を求め，この予測式の説明力はどのくらいかを検証せよ．

表4.1 年間商品販売額 [1]

i	1	2	3	4	5	6	7	8	9	10
都道府県	北海道	青森	東京	神奈川	京都	大阪	岡山	広島	福岡	鹿児島
売場面積（単位：1000 m^2）	161	40	336	177	70	189	66	96	119	46
年間商品販売額（単位：10億円）	122	32	366	181	66	172	38	64	96	33

〈解説〉 売場面積を変数 x，年間商品販売額を変数 y とし，この10個のデータを x-y 平面上にプロットすると，図4.1が得られます．この図から，変数 x と y の間に直線的関係があるようにみえるので，この10個のデータに最もよくフィットする直線を探しましょう．その直線の式が，求める予測式となります．このように予測する手法を，単回帰分析といいます．

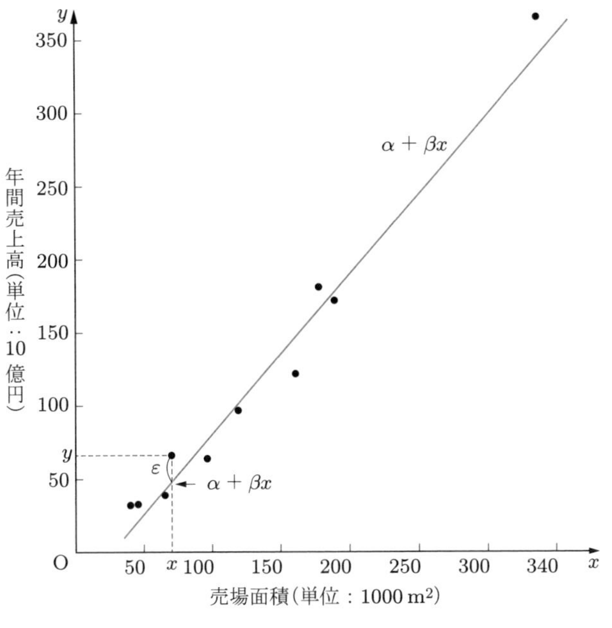

図 4.1 年間商品販売額

〈分析の流れ〉

Step1 年間商品販売額 y は

$$y = \alpha + \beta x + \varepsilon$$

という直線の式（回帰モデル）で表現できます．この α，β を回帰係数といいます．また，ε は，年間販売額 y の直線 $\alpha + \beta x$ からのずれで，これを誤差項とよびます．図 4.1 の 10 個のデータに最もよくフィットする直線は，誤差項の 2 乗和が最小になるようなものだと考え，直線を求めます．これを最小 2 乗法といい，求めた直線

$$\widehat{y} = \widehat{\alpha} + \widehat{\beta} x$$

は回帰式とよばれます．ここで，$\widehat{\alpha}, \widehat{\beta}$ は係数 α, β の推定量であり，最小 2 乗法で求めた推定量 $(\widehat{\alpha}, \widehat{\beta})$ は最小 2 乗推定量とよばれています．

Step2 売場面積が x の都道府県の年間販売額は，回帰式を用いて $\widehat{y} = \widehat{\alpha} + \widehat{\beta} x$ で予測されますが，この予測値の説明力を表す寄与率（決定係数ともいいます）を求めて，回帰式を評価します．

Step3 目的変数 y の動きを説明変数 x を用いて回帰することに意味があるかどうかを判断するために，回帰係数 β の検定・推定を行います．

Step4　目的変数の動向を，区間で予測するために，求めた回帰式の分布を用いて，目的変数 y の値が信頼度 95%で入る予測区間を求めます．

たとえば，愛知県の書籍・文房具小売業の売場面積が，$x = 150$ だとします．すると，愛知県では年間販売額が

$$\widehat{y} = \widehat{\alpha} + 150\widehat{\beta}$$

くらいであることが，回帰式から予測されます．このように，回帰分析は，目的となる変数の動向を，私たちがコントロール可能な変数の動きから予測する方法であるといえます．

まず，下記に示す回帰分析の公式を用いて，基本問題を解いてみましょう．その後，回帰分析の公式の導出方法について解説します．

〈回帰分析の公式〉

n 個のデータ $(x_1, y_1), (x_2, y_2), \ldots, (x_n, y_n)$ に対し，回帰式 $\widehat{y} = \widehat{\alpha} + \widehat{\beta}x$ の $\widehat{\alpha}, \widehat{\beta}$ を求めます．まず，

$$\overline{x} = \frac{1}{n}\sum_{i=1}^{n} x_i, \quad \overline{y} = \frac{1}{n}\sum_{i=1}^{n} y_i$$

$$S_{xx} = \sum_{i=1}^{n}(x_i - \overline{x})^2, \quad S_{yy} = \sum_{i=1}^{n}(y_i - \overline{y})^2$$

$$S_{xy} = \sum_{i=1}^{n}(x_i - \overline{x})(y_i - \overline{y})$$

とします．すると，最小 2 乗推定量 $\widehat{\alpha}, \widehat{\beta}$ は

$$\begin{cases} \widehat{\beta} = \dfrac{S_{xy}}{S_{xx}} \\ \widehat{\alpha} = \overline{y} - \widehat{\beta}\overline{x} \end{cases} \tag{4.1}$$

で与えられます．そして，推定された回帰式とデータのずれを表す残差平方和 S_e は

$$S_e = S_{yy} - \widehat{\beta}S_{xy} \tag{4.2}$$

と表現でき，寄与率 R^2 は

$$R^2 = 1 - \frac{S_e}{S_{yy}} \tag{4.3}$$

で与えられます．

〈基本問題の解答〉

表 4.1 のデータに公式を適用するために，補助表 4.2 を作成します．

表 4.2 補助表

i	x_i	y_i	$x_i-\overline{x}$	$y_i-\overline{y}$	$(x_i-\overline{x})^2$	$(y_i-\overline{y})^2$	$(x_i-\overline{x})(y_i-\overline{y})$
1	161	122	31	5	961	25	155
2	40	32	−90	−85	8100	7225	7650
3	336	366	206	249	42436	62001	51294
4	177	181	47	64	2209	4096	3008
5	70	66	−60	−51	3600	2601	3060
6	189	172	59	55	3481	3025	3245
7	66	38	−64	−79	4096	6241	5056
8	96	64	−34	−53	1156	2809	1802
9	119	96	−11	−21	121	441	231
10	46	33	−84	−84	7056	7056	7056
計	1300	1170	0	0	73216	95520	82557

$\overline{x}=130$　$\overline{y}=117$

Step1 補助表より，

$$\overline{x}=\frac{1300}{10}=130,\quad \overline{y}=\frac{1170}{10}=117$$

$$S_{xx}=73216,\quad S_{yy}=95520,\quad S_{xy}=82557$$

であるので，式 (4.1) より最小 2 乗推定量は

$$\widehat{\beta}=\frac{82557}{73216}=1.13$$

$$\widehat{\alpha}=117-1.13\times130=-29.9$$

となり，求める回帰式は

$$\widehat{y}=\widehat{a}+\widehat{\beta}x=-29.9+1.13x \tag{4.4}$$

となります．

Step2 残差平方和 S_e は式 (4.2) より

$$S_e=95520-1.13\times82557=2230.59$$

であるので，回帰式の説明力を示す寄与率は

$$R^2=1-\frac{2230.59}{95520}=0.977$$

です．

寄与率は，求めた回帰式が目的変数 y の変動をどのくらい説明できるかを示す量であり，1 (100%) に近いほどよく説明できているといえます．ここでは，年間販売額は売場面積の情報から 97.7%の精度で説明できるということになります．よって，推定した回帰式の説明力は高いので，年間販売額を $\widehat{y} = \widehat{\alpha} + \widehat{\beta}x$ で予測することは妥当といえます．

一方，この回帰式に意味があるかの検証 (Step3) や，年間販売額を区間で予測すること (Step4) も重要ですが，これに関しては 4.4 節以降で解説します．

4.2 最小 2 乗法と回帰式

前節で，最小 2 乗推定量 $\widehat{\alpha}, \widehat{\beta}$ を用いて回帰式

$$\widehat{y} = \widehat{\alpha} + \widehat{\beta}x$$

を具体的に求め，その寄与率も計算しました．本節では，最小 2 乗法を用いて，最小 2 乗推定量の理論的導出を行います．寄与率の理論については，次節で解説します．

一般に，都道府県ごとの売場面積と年間商品販売額のデータが，表 4.3 のように n 個与えられているとします．また，これを x-y 平面上にプロットしたものを図 4.2 と

表 4.3 一般データ

都道府県	1	2	$\cdots$	i	$\cdots$	n
売場面積	x_1	x_2	$\cdots$	x_i	$\cdots$	x_n
年間商品販売額	y_1	y_2	$\cdots$	y_i	$\cdots$	y_n

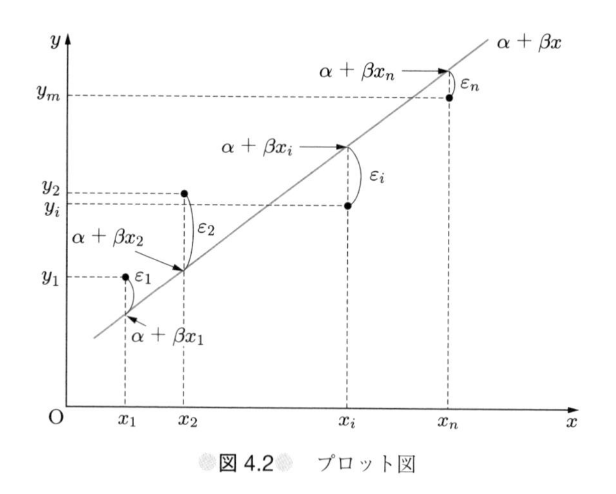

図 4.2 プロット図

します.

図 4.2 上の直線を $y = \alpha + \beta x$ とおけば，売場面積が x_i のときのこの直線上の値は $\alpha + \beta x_i$ ですが，都道府県 i の年間販売額は y_i です．このデータ y_i と直線上の点 $\alpha + \beta x_i$ との差を誤差項とよび，記号 ε_i で表現します．このことを式で書けば

$$y_i = \alpha + \beta x_i + \varepsilon_i \quad (i = 1, 2, \ldots, n) \tag{4.5}$$

となります．ここで，変数 x は説明変数，変数 y は目的変数です．

誤差項 ε_i に対しては，

① 不偏性　$E(\varepsilon_i) = 0$

② 等分散性　$V(\varepsilon_i) = \sigma^2$

③ 独立性　$\varepsilon_1, \ldots, \varepsilon_n$ は独立である．

④ 正規性　ε_i は正規分布 $N(0, \sigma^2)$ に従う．

を仮定することが普通です．誤差項がこの 4 条件をみたしていると，その 2 乗和 $\sum_{i=1}^{n} \varepsilon_i^2$ を最小にする最小 2 乗推定量 $\widehat{\alpha}, \widehat{\beta}$ が最良の推定量であることが，Gauss–Markov の定理で保証されています．そして，この誤差項の 2 乗和を最小にするような α, β の値を求める方法が，最小 2 乗法です．

それでは，最小 2 乗法を実行してみましょう．最小 2 乗法は，

$$Q(\alpha, \beta) = \sum_{i=1}^{n} \varepsilon_i^2 = \sum_{i=1}^{n} \{y_i - (\alpha + \beta x_i)\}^2$$

を最小にする $(\widehat{\alpha}, \widehat{\beta})$ を求める手法です．すると，最小 2 乗推定量 $(\widehat{\alpha}, \widehat{\beta})$ は，3 章の定理 3.1 より，関数 $Q(\alpha, \beta)$ の勾配ベクトルを用いて

$$\nabla Q(\alpha, \beta) = \begin{pmatrix} \dfrac{\partial Q}{\partial \alpha} \\ \dfrac{\partial Q}{\partial \beta} \end{pmatrix} = \begin{pmatrix} 0 \\ 0 \end{pmatrix} \tag{4.6}$$

の解として求められます．式 (4.6) を正規方程式といいます．

つぎに，正規方程式を具体的に表現してみましょう．まず，

$$\frac{\partial Q}{\partial \alpha} = -2 \sum_{i=1}^{n} \{y_i - (\alpha + \beta x_i)\} = 0$$

であるので，

$$n\alpha + \beta \sum_{i=1}^{n} x_i = \sum_{i=1}^{n} y_i$$

であり，両辺を n で割ると

$$\alpha + \beta\overline{x} = \overline{y}$$

を得ます．また，

$$\frac{\partial Q}{\partial \beta} = -2\sum_{i=1}^{n} x_i\{y_i - (\alpha + \beta x_i)\} = 0$$

であるので，

$$\alpha\sum_{i=1}^{n} x_i + \beta\sum_{i=1}^{n} x_i^2 = \sum_{i=1}^{n} x_i y_i$$

より，正規方程式は

$$\begin{cases} \alpha + \beta\overline{x} = \overline{y} & (4.7\text{a}) \\ \alpha\displaystyle\sum_{i=1}^{n} x_i + \beta\sum_{i=1}^{n} x_i^2 = \sum_{i=1}^{n} x_i y_i & (4.7\text{b}) \end{cases}$$

となります．式 (4.7a) より

$$\alpha = \overline{y} - \beta\overline{x} \tag{4.8}$$

であるので，これを式 (4.7b) に代入すると，

$$\beta\left(\sum_{i=1}^{n} x_i^2 - \overline{x}\sum_{i=1}^{n} x_i\right) = \sum_{i=1}^{n} x_i y_i - \overline{y}\sum_{i=1}^{n} x_i$$

$$\beta\left(\sum_{i=1}^{n} x_i^2 - n\overline{x}^2\right) = \sum_{i=1}^{n} x_i y_i - n\overline{x}\,\overline{y}$$

となります．一方，簡単な計算から

$$S_{xx} = \sum_{i=1}^{n}(x_i - \overline{x})^2 = \sum_{i=1}^{n} x_i^2 - n\overline{x}^2$$

$$S_{xy} = \sum_{i=1}^{n}(x_i - \overline{x})(y_i - \overline{y}) = \sum_{i=1}^{n} x_i y_i - n\overline{x}\,\overline{y}$$

であるので，

$$\beta S_{xx} = S_{xy} \tag{4.9}$$

が得られます．ゆえに，最小 2 乗推定量は，式 (4.8), (4.9) より

$$\begin{cases} \widehat{\beta} = \dfrac{S_{xy}}{S_{xx}} \\ \widehat{\alpha} = \overline{y} - \widehat{\beta}\overline{x} \end{cases} \tag{4.10}$$

となります．これが単回帰分析の公式で与えた式 (4.1) です．よって，データに最もよくあてはまる直線，つまり回帰式が，

$$\widehat{y} = \widehat{\alpha} + \widehat{\beta}x = \overline{y} + \widehat{\beta}(x - \overline{x}) \tag{4.11}$$

で得られます．

次節では，求めた回帰式が目的変数 y の総変動をどのくらい説明できるかを示す量である寄与率について解説します．

4.3 寄与率

最小 2 乗法では，誤差項の 2 乗和 $Q(\alpha, \beta)$ を最小にする最小 2 乗推定量 $(\widehat{\alpha}, \widehat{\beta})$ を求めました．すると，$Q(\widehat{\alpha}, \widehat{\beta})$ は求めた回帰式の値 $\widehat{y}_i$ とデータ y_i の差の 2 乗和であるので，$Q(\widehat{\alpha}, \widehat{\beta})$ の値が小さいと回帰式のあてはまりがよいことになります．よって，$Q(\widehat{\alpha}, \widehat{\beta})$ を用いて，回帰式の説明力を表す寄与率を定義します．

$Q(\widehat{\alpha}, \widehat{\beta})$ は残差平方和といい，記号 S_e で表現します．すなわち，

$$\begin{aligned} S_e = Q(\widehat{\alpha}, \widehat{\beta}) &= \sum_{i=1}^{n}(y_i - \widehat{y}_i)^2 = \sum_{i=1}^{n}\{y_i - \overline{y} - \widehat{\beta}(x_i - \overline{x})\}^2 \\ &= S_{yy} - 2\widehat{\beta}S_{xy} + \widehat{\beta}^2 S_{xx} = S_{yy} - 2\widehat{\beta}S_{xy} + \widehat{\beta}\frac{S_{xy}}{S_{xx}}S_{xx} \\ &= S_{yy} - \widehat{\beta}S_{xy} \end{aligned} \tag{4.12}$$

です．これは，単回帰分析の公式で与えた式 (4.2) です．なお，残差平方和 S_e を用いて，誤差項 ε_i の母分散 σ^2 の推定量は

$$\widehat{\sigma}^2 = V_e = \frac{S_e}{n-2} \tag{4.13}$$

で与えられます．この推定量は，4.5 節や 4.6 節で利用します．

寄与率は，目的変数の変動を求めた回帰式がどのくらい説明できるかを示す量です．そこでまず，y の総変動を考えます．総変動は，

$$S_{yy} = \sum_{i=1}^{n}(y_i - \overline{y})^2$$

$$= \sum_{i=1}^{n}(y_i - \widehat{y}_i)^2 + 2\sum_{i=1}^{n}(y_i - \widehat{y}_i)(\widehat{y}_i - \overline{y}) + \sum_{i=1}^{n}(\widehat{y}_i - \overline{y})^2$$

ですが，正規方程式 (4.6) の 1 式目 $\dfrac{\partial Q}{\partial \alpha} = 0$ より（正規方程式の解が $(\widehat{\alpha}, \widehat{\beta})$ であるので，α, β に $\widehat{\alpha}, \widehat{\beta}$ を代入しています），

$$\sum_{i}(y_i - \widehat{y}_i) = 0$$

が成立し，2 式目 $\dfrac{\partial Q}{\partial \beta} = 0$ より

$$\sum_{i} x_i(y_i - \widehat{y}_i) = 0$$

が成立するので，この二つの式より

$$\begin{aligned}\sum_{i}(y_i - \widehat{y}_i)(\widehat{y}_i - \overline{y}) &= \sum_{i}(y_i - \widehat{y}_i)(\widehat{\alpha} + \widehat{\beta}x_i - \overline{y}) \\ &= (\widehat{\alpha} - \overline{y})\sum_{i}(y_i - \widehat{y}_i) + \widehat{\beta}\sum_{i} x_i(y_i - \widehat{y}_i) = 0\end{aligned}$$

が成立します．すなわち，

$$\sum_{i=1}^{n}(y_i - \widehat{y}_i)(\widehat{y}_i - \overline{y}) = 0$$

であるので，

$$S_{yy} = \sum_{i=1}^{n}(y_i - \widehat{y}_i)^2 + \sum_{i=1}^{n}\{(\widehat{\alpha} + \widehat{\beta}x_i) - \overline{y}\}^2$$

を得ます．ここで，上式の第 1 項は残差平方和 S_e であり，第 2 項は，式 (4.11) および式 (4.10) より

$$\sum_{i=1}^{n}\{\overline{y} + \widehat{\beta}(x_i - \overline{x}) - \overline{y}\}^2 = \widehat{\beta}^2 S_{xx} = \widehat{\beta}\frac{S_{xy}}{S_{xx}}S_{xx} = \widehat{\beta}S_{xy}$$

です．$S_R = \widehat{\beta}S_{xy}$ とおくと，目的変数 y の総変動は

$$S_{yy} = S_e + S_R \tag{4.14}$$

と表現できます．

ここで，残差平方和 S_e はデータの回帰直線からのずれの度合いを表す量です．また，S_R はデータの変動のうち，回帰式によって説明できる部分の平方和であり，回帰による平方和とよばれています．よって，目的変数 y の総変動に対する回帰式によっ

て説明できる変動の割合を示す寄与率は，公式 (4.3) の

$$R^2 = \frac{S_R}{S_{yy}} = \frac{S_{yy} - S_e}{S_{yy}} = 1 - \frac{S_e}{S_{yy}} \tag{4.15}$$

で与えられます．この式を変形すると

$$R^2 = \frac{S_R}{S_{yy}} = \frac{\widehat{\beta} S_{xy}}{S_{yy}} = \frac{S_{xy}^2}{S_{xx} S_{yy}} = \left(\frac{S_{xy}}{\sqrt{S_{xx} S_{yy}}} \right)^2$$

であるので，2 章の式 (2.5) より，標本相関係数 r_{xy} を用いて

$$R^2 = r_{xy}^2 \tag{4.16}$$

を得ます．すなわち，寄与率は，標本相関係数の 2 乗で定義されます．

4.4 統計量の分布

寄与率とは別の視点で，求めた回帰式に意味があるかどうか，または用いている説明変数が有効であるかどうかを判断する方法を，次節の「回帰係数の検定と推定」で解説します．この方法は，5 章の重回帰分析における説明変数の選択の議論でも用います．本節では，次節の準備として，回帰係数の統計量としての分布について解説します．

単回帰分析では，目的変数 y_i は式 (4.5) より

$$y_i = \alpha + \beta x_i + \varepsilon_i$$

であり，仮定より誤差項 ε_i は互いに独立で正規分布 $N(0, \sigma^2)$ に従っています．ここで，$\alpha_0 = \alpha + \beta \overline{x}$ とおくと，

$$y_i = \alpha_0 + \beta(x_i - \overline{x}) + \varepsilon_i$$

と表現できます．この表現で最小 2 乗推定量を求めると，式 (4.10) より

$$\widehat{\beta} = \frac{S_{xy}}{S_{xx}}$$

$$\widehat{\alpha}_0 = \widehat{\alpha} + \widehat{\beta}\overline{x} = \overline{y} - \widehat{\beta}\overline{x} + \widehat{\beta}\overline{x} = \overline{y}$$

となるので，回帰式は

$$\widehat{y} = \widehat{\alpha} + \widehat{\beta} x = \overline{y} + \widehat{\beta}(x - \overline{x}) = \widehat{\alpha}_0 + \widehat{\beta}(x - \overline{x}) \tag{4.17}$$

となります．このとき，

① $\widehat{\alpha}_0$ は正規分布 $N\left(\alpha_0, \dfrac{\sigma^2}{n}\right)$ に従う．

② $\widehat{\beta}$ は正規分布 $N\left(\beta, \dfrac{\sigma^2}{S_{xx}}\right)$ に従う．

③ $\widehat{\alpha}_0$ と $\widehat{\beta}$ は独立である．

④ $\widehat{\alpha}+\widehat{\beta}x=\widehat{\alpha}_0+\widehat{\beta}(x-\overline{x})$ は正規分布 $N\left(\alpha+\beta x, \left\{\dfrac{1}{n}+\dfrac{(x-\overline{x})^2}{S_{xx}}\right\}\sigma^2\right)$ に従う．

が知られています（④は①，②，③から導くことができます）．これらの結果を用いて，回帰係数 β の検定・推定や目的変数の予測区間を求めることが可能になります．

4.5 回帰係数の検定と推定

4.1 節で解説したように，回帰分析では，目的変数 y は説明変数 x を用いて

$$y=\alpha+\beta x+\varepsilon$$

と表現されます．もし，$\beta \neq 0$ であれば，説明変数 x が変化すれば目的変数 y も変化します．よって，統計的に $\beta \neq 0$ と判断できれば，目的変数 y の動きを説明変数 x を用いて回帰することは意味があると判断できます．そこで，回帰に意味があるかどうかを検定するために，

$$\text{帰無仮説 } H_0;\ \beta=0$$

を

$$\text{対立仮説 } H_1;\ \beta \neq 0$$

に対して検定します．これは両側検定です．もし，帰無仮説 H_0 が棄却されれば，$\beta \neq 0$ と統計的に判断できるので，説明変数 x を用いて目的変数 y の動きを回帰することは意味があると判断できます．

2.4 節で示した方法で，帰無仮説 H_0 を棄却するか否かを判断します．前節の②より，$\widehat{\beta}$ は正規分布 $N\left(\beta, \dfrac{\sigma^2}{S_{xx}}\right)$ に従うので，これを標準化した

$$\frac{\widehat{\beta}-\beta}{\sqrt{\sigma^2/S_{xx}}}$$

は標準正規分布 $N(0,1)$ に従います．母分散 σ^2 は未知であるので，σ^2 のところに式 (4.13) で与えられる推定量 V_e を代入してできる統計量

$$t = \frac{\widehat{\beta} - \beta}{\sqrt{V_e/S_{xx}}}$$

を考えます．これは，自由度 $(n-2)$ の t 分布（$t(n-2)$ と書きます）に従うことが知られています．よって，帰無仮説 H_0 のもとでは

$$t_0 = \frac{\widehat{\beta}}{\sqrt{V_e/S_{xx}}}$$

は $t(n-2)$ に従います．したがって，$t(n-2)$ の確率密度関数を $f(x)$ とすると，有意水準 5%のパーセント点 $t(n-2; 0.05)$（図 4.3）は

$$P\left\{\left|t_0 = \frac{\widehat{\beta}}{\sqrt{V_e/S_{xx}}}\right| \leqq t(n-2; 0.05)\right\} = \int_{-t(n-2;0.05)}^{t(n-2;0.05)} f(t)dt = 0.95$$

で定義されます．

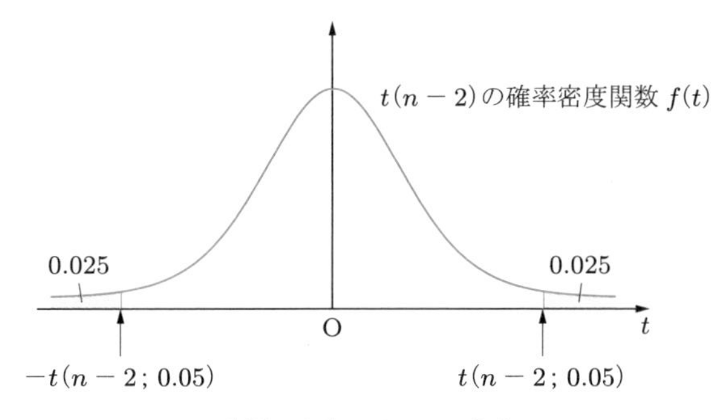

図 4.3 パーセント点

与えられたデータから統計量 t_0 を計算し，$|t_0|$ がパーセント点 $t(n-2; 0.05)$ より大きければ，このデータは $t(n-2)$ に従うものではないと考え，帰無仮説 H_0 を棄却し，統計的に $\beta \neq 0$ と判断します．つまり，t_0 が棄却域

$$w; \left|t_0 = \frac{\widehat{\beta}}{\sqrt{V_e/S_{xx}}}\right| > t(n-2; 0.05)$$

にあるとき，H_0 は正しくないと判断します．

上述の検定と同様の議論から，回帰係数 β の信頼区間を求めてみましょう．統計量 $t = \frac{\widehat{\beta} - \beta}{\sqrt{V_e/S_{xx}}}$ は $t(n-2)$ に従うので，パーセント点 $t(n-2; 0.05)$ を用いると

$$P\left\{\left|\frac{\widehat{\beta} - \beta}{\sqrt{V_e/S_{xx}}}\right| \leqq t(n-2; 0.05)\right\} = 0.95$$

が成り立つので，これを変形すると

$$P\left\{\widehat{\beta}-t(n-2;0.05)\sqrt{\frac{V_e}{S_{xx}}} \leqq \beta \leqq \widehat{\beta}+t(n-2;0.05)\sqrt{\frac{V_e}{S_{xx}}}\right\}=0.95$$

となります．よって，確率 95%で回帰係数 β は区間

$$\left(\widehat{\beta}-t(n-2;0.05)\sqrt{\frac{V_e}{S_{xx}}}, \widehat{\beta}+t(n-2;0.05)\sqrt{\frac{V_e}{S_{xx}}}\right)$$

に入るので，β の信頼度 95%の信頼区間は

$$\widehat{\beta} \pm t(n-2;0.05)\sqrt{\frac{V_e}{S_{xx}}}$$

と表現されます．

前述の検定で帰無仮説 H_0 を棄却していれば，信頼区間は 0 を含みません．つまり，$\beta \neq 0$ と統計的に判断できるので，説明変数 x を用いて目的変数 y の動きを回帰することは意味があると判断できます．

ここでは有意水準 5%で実行しましたが，1%，10%などで行う場合もあります．

例題 4.1　基本問題の回帰係数 β の検定を行い，信頼度 95%の信頼区間を求めよ．

解答　帰無仮説 $H_0; \beta=0$ を対立仮説 $H_1; \beta \neq 0$ に対して検定します．つまり，両側検定です．自由度は $10-2=8$ であるので，有意水準 $\alpha=0.05$ のパーセント点 $t(8;0.05)$ は，付表 4 より

$$t(8;0.05)=2.306$$

です．また，基本問題の解答より，残差平方和 S_e は 2230.59 です．よって，

$$V_e=\frac{S_e}{n-2}=\frac{2230.59}{8}=278.8$$

を得ます．ゆえに，

$$t_0=\frac{\widehat{\beta}}{\sqrt{V_e/S_{xx}}}=\frac{1.13}{\sqrt{278.8/73216}}=\frac{1.13}{0.0617}=18.3$$

であるので，

$$|t_0|=18.3>2.306=t(8;0.05)$$

が成り立ちます．よって，帰無仮説 $H_0; \beta=0$ を棄却し，統計的に $\beta \neq 0$ と判断できます．すなわち，回帰に意味があるといえます．

つぎに，回帰係数 β の信頼度 95%の信頼区間を求めます．信頼区間は，

$$\widehat{\beta} \pm t(8; 0.05)\sqrt{\frac{V_e}{S_{xx}}}$$

であるので，これを計算すると

$$1.13 \pm 2.306\sqrt{\frac{278.8}{73216}} = 1.13 \pm 2.306 \times 0.0617 = 1.13 \pm 0.14$$

です．よって，信頼度 95%の β の信頼区間は

$$(0.99, 1.27)$$

となります． ■

4.6 予測区間

実用上は，目的変数 y の値を区間で予測することも多いので，この節ではその方法について解説します．基本問題では，回帰係数 β の推定値は

$$\widehat{\beta} = 1.13$$

で，求めた回帰式は，式 (4.4) の

$$\widehat{y} = -29.9 + 1.13x = 117 + 1.13(x - 130)$$

でした．一方，前節の例題 4.1 では，信頼度 95%の回帰係数 β の信頼区間は

$$(0.99, 1.27)$$

でした．すなわち，回帰式 $y = \alpha + \beta x$ の回帰係数 β は，0.99 から 1.27 のどこかの値を確率 95%でとります．よって，回帰式を用いた予測値 $\widehat{y}$ は，目的変数 y の平均的な動きをとらえているといえます．そこで本節では，求めた回帰式の分布を用いて，目的変数 y の値が信頼度 95%で入る予測区間を求めてみましょう．

4.4 節の④でみたように，回帰式 $\widehat{y} = \widehat{\alpha} + \widehat{\beta}x$ は正規分布

$$N\left(\alpha + \beta x, \left\{\frac{1}{n} + \frac{(x - \overline{x})^2}{S_{xx}}\right\}\sigma^2\right)$$

に従うことが知られています．よって，$\widehat{y}$ を標準化した

$$\frac{\widehat{\alpha} + \widehat{\beta}x - (\alpha + \beta x)}{\sqrt{\left\{\dfrac{1}{n} + \dfrac{(x - \overline{x})^2}{S_{xx}}\right\}\sigma^2}}$$

は，標準正規分布 $N(0, 1)$ に従います．母分散 σ^2 は未知であるので，σ^2 のところに

式 (4.13) で与えられる推定量 V_e を代入すると，統計量

$$\frac{\widehat{\alpha}+\widehat{\beta}x-(\alpha+\beta x)}{\sqrt{\left\{\dfrac{1}{n}+\dfrac{(x-\overline{x})^2}{S_{xx}}\right\}V_e}}$$

は自由度 $(n-2)$ の t 分布に従うので，前節で用いたパーセント点 $t(n-2;0.05)$ を用いると，

$$P\left\{\left|\frac{\widehat{\alpha}+\widehat{\beta}x-(\alpha+\beta x)}{\sqrt{\left\{\dfrac{1}{n}+\dfrac{(x-\overline{x})^2}{S_{xx}}\right\}V_e}}\right|\leqq t(n-2;0.05)\right\}=0.95$$

が成り立ちます．したがって，母回帰 $\alpha+\beta x$ の信頼度 95%の信頼区間は

$$\widehat{\alpha}+\widehat{\beta}x\pm t(n-2;0.05)\sqrt{\left\{\frac{1}{n}+\frac{(x-\overline{x})^2}{S_{xx}}\right\}V_e} \tag{4.18}$$

で与えられます．

目的変数 $y=\alpha+\beta x+\varepsilon$ の信頼度 95%の信頼区間が，予測区間です．これは，目的変数 y が母回帰 $\alpha+\beta x$ に誤差項 ε を加えた量であるので，ε の分散 σ^2 の推定量 V_e を式 (4.18) のルートの中に加えた式で与えられます．すなわち，目的変数 y の信頼度 95%の予測区間は，

$$\widehat{\alpha}+\widehat{\beta}x\pm t(n-2;0.05)\sqrt{\left\{1+\frac{1}{n}+\frac{(x-\overline{x})^2}{S_{xx}}\right\}V_e} \tag{4.19}$$

です．

例題 4.2　基本問題において，$x=200$ のときの目的変数の予測値と信頼度 95%の予測区間を求めよ．

解答　予測値は，式 (4.4) より

$$\widehat{y}=-29.9+1.13\times 200=196.1$$

となります．信頼度 95%の予測区間は，式 (4.19) より，

$$\widehat{y}\pm t(8;0.05)\sqrt{\left\{1+\frac{1}{10}+\frac{(200-130)^2}{73216}\right\}\times 278.8}$$
$$=196.1\pm 2.306\times 18.04=196.1\pm 41.6$$

であるので，

$$(154.5, 237.7)$$

となります． ■

つぎに，ある出版社の 10 営業所の年間売上高の動向を把握するために，営業所の広告費を説明変数 x とし，売上高 (y) の広告費による回帰式を求めてみましょう．

例題 4.3 表 4.4 のデータから，広告費を説明変数 (x) として，目的変数である年間売上高 (y) の回帰式を求め，その寄与率も計算せよ．さらに，$x = 80$ のときの目的変数の信頼度 95%の予測区間も求めよ．

表 4.4 売上高のデータ

営業所	1	2	3	4	5	6	7	8	9	10
広告費	90	50	40	60	50	20	50	30	40	10
年間売上高	220	190	160	150	150	130	120	100	80	70

（単位：100 万円）

解答 まず，補助表 4.5 を作成します．

表 4.5 補助表

i	x_i	y_i	$x_i - \overline{x}$	$y_i - \overline{y}$	$(x_i - \overline{x})^2$	$(y_i - \overline{y})^2$	$(x_i - \overline{x})(y_i - \overline{y})$
1	90	220	46	83	2116	6889	3818
2	50	190	6	53	36	2809	318
3	40	160	−4	23	16	529	−92
4	60	150	16	13	256	169	208
5	50	150	6	13	36	169	78
6	20	130	−24	−7	576	49	168
7	50	120	6	−17	36	289	−102
8	30	100	−14	−37	196	1369	518
9	40	80	−4	−57	16	3249	228
10	10	70	−34	−67	1156	4489	2278
計	440	1370	0	0	4440	20010	7420

$\overline{x} = 44$　　$\overline{y} = 137$

補助表より，

$$\overline{x} = 44, \quad \overline{y} = 137$$

$$S_{xx} = 4440, \quad S_{yy} = 20010, \quad S_{xy} = 7420$$

であるので，式 (4.10) より

$$\widehat{\beta} = \frac{7420}{4440} = 1.67$$

$$\widehat{\alpha} = 137 - 1.67 \times 44 = 63.52$$

となります．よって，求める回帰式は

$$\widehat{y} = 63.52 + 1.67x = 137 + 1.67(x - 44) \tag{4.20}$$

となります．さらに，標本相関係数は

$$r_{xy} = \frac{7420}{\sqrt{4440 \times 20010}} = 0.787$$

であるので，寄与率は

$$R^2 = (0.787)^2 = 0.620$$

です．すなわち，売上高の動向は，広告費を説明変数とした式 (4.20) の回帰式の動きで，62%説明がつくことがわかります．

回帰による平方和 S_R は

$$S_R = \widehat{\beta} S_{xy} = 1.67 \times 7420 = 12391.4$$

であるので，残差平方和 S_e は

$$S_e = S_{yy} - S_R = 20010 - 12391.4 = 7618.6$$

です．よって，母分散 σ^2 の推定量 V_e は

$$V_e = \frac{S_e}{n-2} = \frac{7618.6}{8} = 952.33$$

で与えられます．また，$x = 80$ のときの予測値は式 (4.20) より

$$\widehat{y} = 63.52 + 1.67 \times 80 = 197.12$$

であるので，予測区間は式 (4.19) より

$$\begin{aligned}
&\widehat{y} \pm t(8; 0.05)\sqrt{\left\{1 + \frac{1}{10} + \frac{(x - \overline{x})^2}{S_{xx}}\right\} V_e} \\
&\quad = 197.12 \pm 2.306\sqrt{\left\{1 + \frac{1}{10} + \frac{(80 - 44)^2}{4440}\right\} \times 952.33} \\
&\quad = 197.12 \pm 83.96
\end{aligned}$$

となります．ここで，付表 4 より $t(8; 0.05) = 2.306$ を求めています．

ゆえに，信頼度 95%の予測区間は

$$(113.16, 281.08)$$

となります．■

演習問題 4章

4.1 表 4.6 で与えられる労働生産性を目的変数 (y), 経営施策・方針の浸透を説明変数 (x) として, x に対する y の回帰式とその寄与率を求めよ.

表 4.6 経営施策・方針の浸透と労働生産性

会社	A	B	C	D	E	F	G	H	I	J
経営施策・方針の浸透	3.90	3.50	3.33	3.16	2.95	3.00	2.97	3.26	2.87	2.76
労働生産性	56.0	34.0	14.8	14.7	12.3	11.8	11.7	11.0	6.5	6.2

※経営施策・方針の浸透は, 従業員意識調査による 5 段階評価の平均値です.

4.2 表 4.7 で, 学生 10 人の微分積分学と多変量解析の期末試験の点数が与えられている. このとき, 多変量解析の点数 (y) の, 微分積分学の点数 (x) を説明変数とした回帰式とその寄与率を求めよ.

表 4.7 期末試験の得点

学生	1	2	3	4	5	6	7	8	9	10
微分積分学	30	35	30	80	65	100	90	70	25	25
多変量解析	60	100	30	100	100	100	100	65	80	45

4.3 10 年間の百貨店とスーパーの年間売上高と名目国内総生産 (GDP) のデータが表 4.8 で与えられている. このとき, 以下の問いに答えよ.

(1) 年間売上高を目的変数 y とし, 国内総生産を説明変数 x として, x に対する y の回帰式とその寄与率を求めよ.

(2) 国内総生産が $x = 580$ 兆円のときの, 年間売上高の予測値と信頼度 95%の予測区間を求めよ.

表 4.8 国内総生産と年間売上高 [5][6]

年間売上高 (単位 : 1000 億円)	211	212	210	198	196	196	196	198	202	201
国内総生産 (単位 : 1 兆円)	527	532	521	490	500	492	495	503	514	531

5章

重回帰分析──複数のデータで精度を高める

本章では，複数の説明変数を用いる重回帰分析を解説します．説明変数を増やしたことで回帰式の説明力がどの程度上昇するかを検証し，適切な説明変数を選択する手法についても解説します．

5.1 はじめに

4章の基本問題で，書籍・文房具小売業の年間売上高を目的変数 y，売場面積を説明変数 x として回帰分析を適用した結果，推定された回帰式は

$$\widehat{y} = -29.9 + 1.13x$$

で，その寄与率（説明力）は 97.7%となりました．この例では寄与率が高く，説明変数を追加する必要はありません．

4章の例題 4.3 で取り上げた出版社の 10 営業所のデータに，営業部員数の情報を加えたものを表 5.1 に示します．また，それらをプロットした図を図 5.1 に示します．例題 4.3 では，営業所の年間売上高（変数 y）を広告費（変数 x_1）で回帰していますが，寄与率は 62%でした．図 (b) からわかるように，営業部員数も売上高に対する説明力をもっているので，説明変数に営業部員数（変数 x_2）を追加すれば，寄与率が上昇すると考えられます．そこで，本章では説明変数として広告費 (x_1) と営業部員数 (x_2) を用いて，目的変数 y（売上高）の回帰式を求め，その寄与率がどの程度上昇するかを検証します．

表 5.1　売上高のデータ

営業所	1	2	3	4	5	6	7	8	9	10
広告費（単位：100 万円）	90	50	40	60	50	20	50	30	40	10
営業部員数（単位：人）	9	7	8	8	7	7	7	7	6	7
年間売上高（単位：100 万円）	220	190	160	150	150	130	120	100	80	70

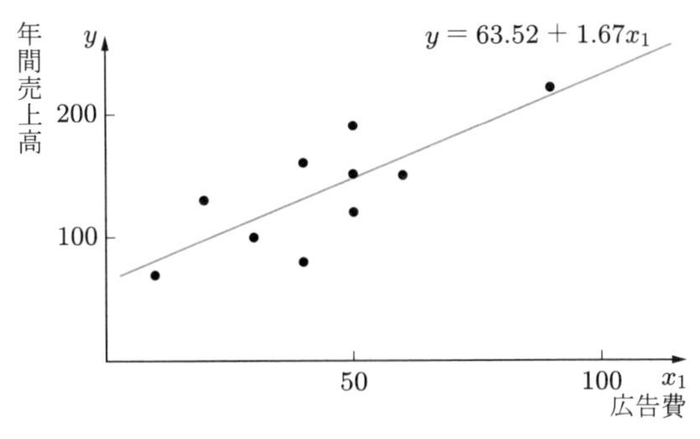

（a）売上高と広告費

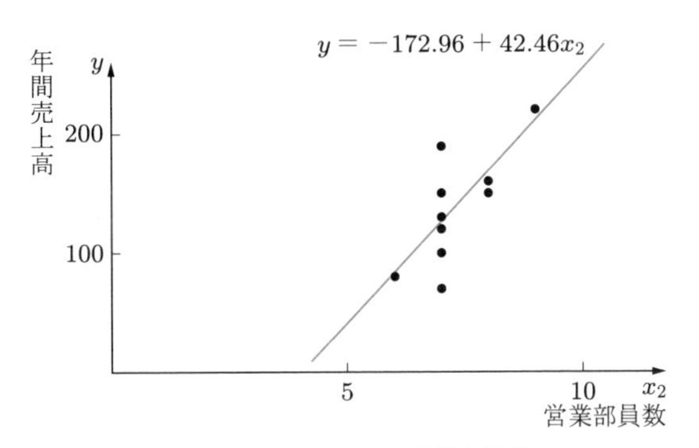

（b）売上高と営業部員数

図 5.1　10 営業所のデータ

> **基本問題**　表 5.1 のデータに対して，目的変数である年間売上高 (y) の動きを，説明変数として広告費 (x_1) と営業部員数 (x_2) を用いて回帰し，推定された回帰式の寄与率も計算せよ．

〈解説〉　前述のとおり，図 5.1 から，広告費 (x_1) と営業部員数 (x_2) は売上高 (y) の動向に対して説明力があると考えられます．これらのデータをまとめて空間にプロットすると，図 5.2 のようなイメージになります．これらに最もよくフィットする平面を探すのが，重回帰分析です．

〈分析の流れ〉

Step1　営業所 i の年間売上高 y_i は回帰モデルで

$$y_i = \alpha + \beta x_{1i} + \gamma x_{2i} + \varepsilon_i \tag{5.1}$$

と表現できると仮定します．表 5.1 のデータに最もよくフィットする平面は，最小

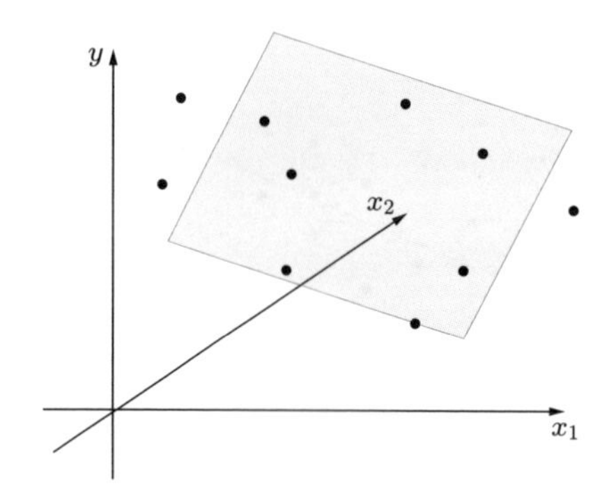

図 5.2　データに最もよくフィットする平面

2 乗法を用いて回帰式

$$\widehat{y} = \widehat{\alpha} + \widehat{\beta}x_1 + \widehat{\gamma}x_2$$

として求めます．

Step2　広告費が x_1，営業部員数が x_2 の営業所の年間売上高は，回帰式を用いて $\widehat{y} = \widehat{\alpha} + \widehat{\beta}x_1 + \widehat{\gamma}x_2$ で予測されますが，この予測値の寄与率を求めて回帰式を評価します．

Step3　説明変数として，広告費と営業部員数を用いていますが，これが理論的に良いか否かを「説明変数の選択」の理論から検証します．

まず，下記に示す重回帰分析の公式を用いて，基本問題を解いてみましょう．この公式の導出については後に解説します．

〈重回帰分析の公式〉

n 個のデータ $(x_{11}, x_{21}, y_1), (x_{12}, x_{22}, y_2), \ldots, (x_{1n}, x_{2n}, y_n)$ に対し，回帰式 $\widehat{y} = \widehat{\alpha} + \widehat{\beta}x_1 + \widehat{\gamma}x_2$ の $\widehat{\alpha}, \widehat{\beta}, \widehat{\gamma}$ を求めます．このとき，つぎの記号を定義します．

$$\overline{x}_1 = \frac{1}{n}\sum_{i=1}^{n} x_{1i}, \quad \overline{x}_2 = \frac{1}{n}\sum_{i=1}^{n} x_{2i}, \quad \overline{y} = \frac{1}{n}\sum_{i=1}^{n} y_i$$

$$S_{11} = S_{x_1x_1} = \sum_{i=1}^{n}(x_{1i} - \overline{x}_1)^2, \quad S_{22} = S_{x_2x_2} = \sum_{i=1}^{n}(x_{2i} - \overline{x}_2)^2$$

$$S_{12} = S_{x_1x_2} = \sum_{i=1}^{n}(x_{1i} - \overline{x}_1)(x_{2i} - \overline{x}_2)$$

$$S_{1y} = S_{x_1y} = \sum_{i=1}^{n}(x_{1i} - \overline{x}_1)(y_i - \overline{y}), \quad S_{2y} = S_{x_2y} = \sum_{i=1}^{n}(x_{2i} - \overline{x}_2)(y_i - \overline{y})$$

$$S_{yy} = \sum_{i=1}^{n} (y_i - \overline{y})^2$$

すると，最小 2 乗推定量 $\widehat{\alpha}, \widehat{\beta}, \widehat{\gamma}$ は

$$\begin{cases} \widehat{\beta} = \dfrac{S_{22}S_{1y} - S_{12}S_{2y}}{S_{11}S_{22} - S_{12}^2} \\ \widehat{\gamma} = \dfrac{-S_{12}S_{1y} + S_{11}S_{2y}}{S_{11}S_{22} - S_{12}^2} \\ \widehat{\alpha} = \overline{y} - \widehat{\beta}\,\overline{x}_1 - \widehat{\gamma}\,\overline{x}_2 \end{cases} \tag{5.2}$$

で与えられます．そして，推定された回帰式とデータのずれを表現する残差平方和 S_e は

$$S_e = S_{yy} - \widehat{\beta}S_{1y} - \widehat{\gamma}S_{2y} \tag{5.3}$$

と表現でき，寄与率 R^2 は

$$R^2 = 1 - \frac{S_e}{S_{yy}} \tag{5.4}$$

で与えられます．さらに，誤差項の母分散 σ^2 の推定量は

$$\widehat{\sigma}^2 = V_e = \frac{S_e}{n-3} \tag{5.5}$$

で与えられます．

〈基本問題の解答〉

表 5.1 のデータに上記の公式を適用するために，補助表 5.2 を作成します．

Step1　補助表より，

$$\overline{x}_1 = 44, \quad \overline{x}_2 = 7.3, \quad \overline{y} = 137$$

$$S_{11} = 4440, \quad S_{22} = 6.1, \quad S_{12} = 108$$

$$S_{1y} = 7420, \quad S_{2y} = 259, \quad S_{yy} = 20010$$

であるので，式 (5.2) より

$$\widehat{\beta} = \frac{6.1 \times 7420 - 108 \times 259}{4440 \times 6.1 - (108)^2} = \frac{17290}{15420} = 1.12$$

$$\widehat{\gamma} = \frac{-108 \times 7420 + 4440 \times 259}{4440 \times 6.1 - (108)^2} = \frac{348600}{15420} = 22.61$$

$$\widehat{\alpha} = 137 - 1.12 \times 44 - 22.61 \times 7.3 = -77.33$$

表 5.2 補助表

i	x_{1i}	x_{2i}	y_i	$(x_{1i}-\bar{x}_1)^2$	$(x_{2i}-\bar{x}_2)^2$	$(y_i-\bar{y})^2$	$(x_{1i}-\bar{x}_1)$ $\times(x_{2i}-\bar{x}_2)$	$(x_{1i}-\bar{x}_1)$ $\times(y_i-\bar{y})$	$(x_{2i}-\bar{x}_2)$ $\times(y_i-\bar{y})$
1	90	9	220	2116	2.89	6889	78.2	3818	141.1
2	50	7	190	36	0.09	2809	−1.8	318	−15.9
3	40	8	160	16	0.49	529	−2.8	−92	16.1
4	60	8	150	256	0.49	169	11.2	208	9.1
5	50	7	150	36	0.09	169	−1.8	78	−3.9
6	20	7	130	576	0.09	49	7.2	168	2.1
7	50	7	120	36	0.09	289	−1.8	−102	5.1
8	30	7	100	196	0.09	1369	4.2	518	11.1
9	40	6	80	16	1.69	3249	5.2	228	74.1
10	10	7	70	1156	0.09	4489	10.2	2278	20.1
計	440	73	1370	4440	6.10	20010	108.0	7420	259.0

$\bar{y} = 137$

$\bar{x}_2 = 7.3$

$\bar{x}_1 = 44$

なので，求める回帰式は

$$\hat{y} = -77.33 + 1.12x_1 + 22.61x_2 \tag{5.6}$$

となります．

Step2　式 (5.3) より，残差平方和は

$$S_e = 20010 - 1.12 \times 7420 - 22.61 \times 259 = 5843.61$$

であるので，寄与率は

$$R^2 = 1 - \frac{5843.61}{20010} = 0.708$$

です．

すなわち，営業所の年間売上高は，広告費と営業部員数の情報から 70.8%説明できることがわかりました．よって，営業部員数の情報を追加し重回帰分析を適用した結果，広告費の情報のみの単回帰分析の結果より寄与率が 8.8% (= 70.8 − 62.0) 上昇したことになります．

一方，この重回帰分析に用いた説明変数が理論的に良いか否かを調べること (Step3) も重要ですが，これに関しては 5.5 節で解説します．

5.2 最小 2 乗法と勾配ベクトル

前節で，売上高のデータから最小 2 乗推定量 $\widehat{\alpha}, \widehat{\beta}, \widehat{\gamma}$ を求め，回帰式

$$\widehat{y} = \widehat{\alpha} + \widehat{\beta} x_1 + \widehat{\gamma} x_2$$

を具体的に求め，その寄与率も計算しました．本節では，最小 2 乗推定量の理論的導出を解説します．

n 個のデータ $(x_{11}, x_{21}, y_1), (x_{12}, x_{22}, y_2), \ldots, (x_{1n}, x_{2n}, y_n)$ が与えられたとき，変数間には回帰モデルの構造式

$$y_i = \alpha + \beta x_{1i} + \gamma x_{2i} + \varepsilon_i \tag{5.7}$$

が成立すると仮定し，誤差項 ε_i は不偏性，等分散性，独立性と正規性（4.2 節参照）をみたしているとします．

この仮定のもとで，誤差項の 2 乗和

$$Q(\alpha, \beta, \gamma) = \sum_{i=1}^{n} \varepsilon_i^2 = \sum_{i=1}^{n} \{y_i - (\alpha + \beta x_{1i} + \gamma x_{2i})\}^2$$

を最小にする推定量 $(\widehat{\alpha}, \widehat{\beta}, \widehat{\gamma})$ を求めます．これが説明変数が 2 個の場合の最小 2 乗法です．最小 2 乗推定量 $(\widehat{\alpha}, \widehat{\beta}, \widehat{\gamma})$ は，3 章の定理 3.1 より，関数 $Q(\alpha, \beta, \gamma)$ の勾配ベクトルを用いて正規方程式

$$\nabla Q(\alpha, \beta, \gamma) = \begin{pmatrix} \dfrac{\partial Q}{\partial \alpha} \\ \dfrac{\partial Q}{\partial \beta} \\ \dfrac{\partial Q}{\partial \gamma} \end{pmatrix} = \mathbf{0} \tag{5.8}$$

の解として求められます．

5.3 正規方程式と回帰式

式 (5.8) を具体的に表現してみましょう．まず，

$$\frac{\partial Q}{\partial \alpha} = -2 \sum_{i=1}^{n} \{y_i - (\alpha + \beta x_{1i} + \gamma x_{2i})\} = 0$$

であるので，

$$n\alpha + \beta\sum_{i=1}^{n} x_{1i} + \gamma\sum_{i=1}^{n} x_{2i} = \sum_{i=1}^{n} y_i$$

であり，この両辺を n で割ると

$$\alpha = \overline{y} - \beta\overline{x}_1 - \gamma\overline{x}_2 \tag{5.9}$$

が得られます．また，

$$\frac{\partial Q}{\partial \beta} = -2\sum_{i=1}^{n} x_{1i}\{y_i - (\alpha + \beta x_{1i} + \gamma x_{2i})\} = 0$$

であるので，

$$\alpha\sum_{i=1}^{n} x_{1i} + \beta\sum_{i=1}^{n} x_{1i}^2 + \gamma\sum_{i=1}^{n} x_{1i}x_{2i} = \sum_{i=1}^{n} x_{1i}y_i$$

が得られます．この式に式 (5.9) を代入すると，

$$\beta\left(\sum_{i=1}^{n} x_{1i}^2 - \overline{x}_1\sum_{i=1}^{n} x_{1i}\right) + \gamma\left(\sum_{i=1}^{n} x_{1i}x_{2i} - \overline{x}_2\sum_{i=1}^{n} x_{1i}\right)$$
$$= \sum_{i=1}^{n} x_{1i}y_i - \overline{y}\sum_{i=1}^{n} x_{1i}$$

であり，変形すると

$$\beta\left(\sum_{i=1}^{n} x_{1i}^2 - n\overline{x}_1^2\right) + \gamma\left(\sum_{i=1}^{n} x_{1i}x_{2i} - n\overline{x}_1\overline{x}_2\right) = \sum_{i=1}^{n} x_{1i}y_i - n\overline{x}_1\overline{y}$$

となります．いま，

$$S_{11} = \sum_{i=1}^{n} x_{1i}^2 - n\overline{x}_1^2$$

$$S_{12} = \sum_{i=1}^{n} x_{1i}x_{2i} - n\overline{x}_1\overline{x}_2$$

$$S_{1y} = \sum_{i=1}^{n} x_{1i}y_i - n\overline{x}_1\overline{y}$$

であるので，上式より

$$\beta S_{11} + \gamma S_{12} = S_{1y} \tag{5.10}$$

が得られます．同様にして，

$$\frac{\partial Q}{\partial \gamma} = -2\sum_{i=1}^{n} x_{2i}\{y_i - (\alpha + \beta x_{1i} + \gamma x_{2i})\} = 0$$

であるので，これを変形すると

$$\beta S_{12} + \gamma S_{22} = S_{2y} \tag{5.11}$$

が得られます．ゆえに，正規方程式は

$$\begin{cases} \beta S_{11} + \gamma S_{12} = S_{1y} \\ \beta S_{12} + \gamma S_{22} = S_{2y} \\ \alpha = \overline{y} - \beta \overline{x}_1 - \gamma \overline{x}_2 \end{cases} \tag{5.12}$$

となります．よって，連立方程式

$$\begin{pmatrix} S_{11} & S_{12} \\ S_{12} & S_{22} \end{pmatrix} \begin{pmatrix} \beta \\ \gamma \end{pmatrix} = \begin{pmatrix} S_{1y} \\ S_{2y} \end{pmatrix} \tag{5.13}$$

より $\widehat{\beta}, \widehat{\gamma}$ を求め，式 (5.12) の 3 番目の式から $\widehat{\alpha}$ を求めればよいことがわかります．すなわち，式 (5.13) の解は

$$\begin{aligned} \begin{pmatrix} \widehat{\beta} \\ \widehat{\gamma} \end{pmatrix} &= \begin{pmatrix} S_{11} & S_{12} \\ S_{12} & S_{22} \end{pmatrix}^{-1} \begin{pmatrix} S_{1y} \\ S_{2y} \end{pmatrix} \\ &= \frac{1}{S_{11}S_{22} - S_{12}^2} \begin{pmatrix} S_{22} & -S_{12} \\ -S_{12} & S_{11} \end{pmatrix} \begin{pmatrix} S_{1y} \\ S_{2y} \end{pmatrix} \end{aligned}$$

であるので，最小 2 乗推定量 $(\widehat{\alpha}, \widehat{\beta}, \widehat{\gamma})$ は

$$\begin{cases} \widehat{\beta} = \dfrac{S_{22}S_{1y} - S_{12}S_{2y}}{S_{11}S_{22} - S_{12}^2} \\ \widehat{\gamma} = \dfrac{-S_{12}S_{1y} + S_{11}S_{2y}}{S_{11}S_{22} - S_{12}^2} \\ \widehat{\alpha} = \overline{y} - \widehat{\beta}\,\overline{x}_1 - \widehat{\gamma}\,\overline{x}_2 \end{cases} \tag{5.14}$$

で与えられます．これが重回帰分析の公式で与えた式 (5.2) です．

この最小 2 乗推定量を用いて，回帰式

$$\widehat{y} = \widehat{\alpha} + \widehat{\beta} x_1 + \widehat{\gamma} x_2$$

が求められます．

5.4 寄与率

この節では，求めた回帰式の寄与率，すなわちこの回帰式が目的変数 y の総変動をどのくらい説明できるかを示す量を定義しましょう．

誤差項の 2 乗和 $Q(\alpha, \beta, \gamma)$ の最小値である残差平方和 S_e は，

$$
\begin{aligned}
S_e = Q(\widehat{\alpha}, \widehat{\beta}, \widehat{\gamma}) &= \sum_{i=1}^{n} \{y_i - (\widehat{\alpha} + \widehat{\beta} x_{1i} + \widehat{\gamma} x_{2i})\}^2 \\
&= \sum_{i=1}^{n} \{y_i - \overline{y} - \widehat{\beta}(x_{1i} - \overline{x}_i) - \widehat{\gamma}(x_{2i} - \overline{x}_2)\}^2 \\
&= S_{yy} + \widehat{\beta}^2 S_{11} + \widehat{\gamma}^2 S_{22} - 2\widehat{\beta} S_{1y} - 2\widehat{\gamma} S_{2y} + 2\widehat{\beta}\widehat{\gamma} S_{12} \\
&= S_{yy} + \widehat{\beta}(\widehat{\beta} S_{11} + \widehat{\gamma} S_{12}) + \widehat{\gamma}(\widehat{\beta} S_{12} + \widehat{\gamma} S_{22}) - 2\widehat{\beta} S_{1y} - 2\widehat{\gamma} S_{2y}
\end{aligned}
$$

であり，$(\widehat{\alpha}, \widehat{\beta}, \widehat{\gamma})$ は式 (5.12) の解であるので，

$$
\begin{aligned}
&\widehat{\beta} S_{11} + \widehat{\gamma} S_{12} = S_{1y} \\
&\widehat{\beta} S_{12} + \widehat{\gamma} S_{22} = S_{2y}
\end{aligned}
$$

が成立しています．よって，残差平方和は

$$
S_e = S_{yy} - \widehat{\beta} S_{1y} - \widehat{\gamma} S_{2y} \tag{5.15}
$$

と表現できます．これは重回帰分析の公式で与えた式 (5.3) です．

また，誤差項 ε の母分散 σ^2 の推定量は

$$
\widehat{\sigma}^2 = V_e = \frac{S_e}{n-3} \tag{5.16}
$$

で与えられます．これも，重回帰分析の公式で与えた式 (5.5) です．単回帰分析のときは母分散の推定量は $V_e = \dfrac{S_e}{n-2}$ でしたが，説明変数が 2 個の重回帰分析のときは，式 (5.16)（式 (5.5)）で推定量 V_e が与えられています．一般に，残差平方和 S_e を割る数（これは自由度といわれています）は，

$$
\text{データ数} - \text{説明変数の数} - 1 \tag{5.17}
$$

で与えられます．

寄与率を定義するために，目的変数 y の総変動

$$
S_{yy} = \sum_{i=1}^{n} (y_i - \overline{y})^2 = \sum_{i=1}^{n} (y_i - \widehat{y}_i + \widehat{y}_i - \overline{y})^2
$$

$$= \sum_{i=1}^{n}(y_i - \widehat{y}_i)^2 + \sum_{i=1}^{n}(\widehat{y}_i - \overline{y})^2 + 2\sum_{i=1}^{n}(y_i - \widehat{y}_i)(\widehat{y}_i - \overline{y}) \qquad (5.18)$$

を考えます．正規方程式 (5.12) を導出するときの，$\dfrac{\partial Q}{\partial \alpha} = 0$，$\dfrac{\partial Q}{\partial \beta} = 0$ と $\dfrac{\partial Q}{\partial \gamma} = 0$ という関係より，

$$\sum_{i=1}^{n}(y_i - \widehat{y}_i) = 0$$

$$\sum_{i=1}^{n} x_{1i}(y_i - \widehat{y}_i) = 0$$

$$\sum_{i=1}^{n} x_{2i}(y_i - \widehat{y}_i) = 0$$

が成り立つ（正規方程式の解が $(\widehat{\alpha}, \widehat{\beta}, \widehat{\gamma})$ であるので，α, β, γ に $\widehat{\alpha}, \widehat{\beta}, \widehat{\gamma}$ を代入した式です）ので，式 (5.18) の右辺の第 3 項は

$$\sum_{i=1}^{n}(y_i - \widehat{y}_i)(\widehat{\alpha} + \widehat{\beta}x_{1i} + \widehat{\gamma}x_{2i} - \overline{y})$$

$$= (\widehat{\alpha} - \overline{y})\sum_{i=1}^{n}(y_i - \widehat{y}_i) + \widehat{\beta}\sum_{i=1}^{n} x_{1i}(y_i - \widehat{y}_i) + \widehat{\gamma}\sum_{i=1}^{n} x_{2i}(y_i - \widehat{y}_i) = 0$$

です．ゆえに，

$$S_{yy} = \sum_{i=1}^{n}(y_i - \widehat{y}_i)^2 + \sum_{i=1}^{n}(\widehat{y}_i - \overline{y})^2$$

となりますが，この右辺第 1 項は

$$\widehat{y}_i = \widehat{\alpha} + \widehat{\beta}x_{1i} + \widehat{\gamma}x_{2i}$$

より残差平方和 S_e であり，第 2 項を S_R とおくと，式 (5.3) より

$$S_R = \widehat{\beta}S_{1y} + \widehat{\gamma}S_{2y} \qquad (5.19)$$

が成立します．これを回帰による平方和といいます．

よって，目的変数 y の総変動は

$$S_{yy} = S_e + S_R \qquad (5.20)$$

と表現されます．単回帰分析のときと表現は同じですが，回帰による平方和 S_R の値が二つの説明変数になったので，複雑になっています．

データ値 y_i とその予測値 $\widehat{y}_i$ の差が小さいほど，回帰式が有効であるといえます．そ

こで，y_i と $\widehat{y}_i$ の相関係数

$$R = \frac{\sum_{i=1}^{n}(y_i - \overline{y})(\widehat{y}_i - \overline{\widehat{y}})}{\sqrt{\sum_{i=1}^{n}(y_i - \overline{y})^2 \sum_{i=1}^{n}(\widehat{y}_i - \overline{\widehat{y}})^2}}$$

を計算します．ここで，

$$\overline{\widehat{y}} = \frac{1}{n}\sum_{i=1}^{n}\widehat{y}_i$$

ですが，$\sum_{i=1}^{n}(y_i - \widehat{y}_i) = 0$ であるので，$\overline{\widehat{y}} = \overline{y}$ が成立します．よって，

$$R = \frac{\sum_{i=1}^{n}(y_i - \overline{y})(\widehat{y}_i - \overline{y})}{\sqrt{\sum_{i=1}^{n}(y_i - \overline{y})^2 \sum_{i=1}^{n}(\widehat{y}_i - \overline{y})^2}} \tag{5.21}$$

と表現できますが，これを重相関係数といいます．

式 (5.21) の分子は

$$\begin{aligned} \text{分子} &= \sum_{i=1}^{n}(y_i - \widehat{y}_i + \widehat{y}_i - \overline{y})(\widehat{y}_i - \overline{y}) \\ &= \sum_{i=1}^{n}(y_i - \widehat{y}_i)(\widehat{y}_i - \overline{y}) + \sum_{i=1}^{n}(\widehat{y}_i - \overline{y})^2 \end{aligned}$$

と変形できますが，この右辺の第 1 項は式 (5.18) の第 3 項と同じであるので，

$$\sum_{i=1}^{n}(y_i - \widehat{y}_i)(\widehat{y}_i - \overline{y}) = 0$$

となります．ゆえに，

$$\text{分子} = \sum_{i=1}^{n}(\widehat{y}_i - \overline{y})^2 = S_R$$

が得られます．また，式 (5.21) の分母は

$$\text{分母} = \sqrt{S_{yy}S_R}$$

であるので，

$$R^2 = \frac{S_R^2}{S_{yy}S_R} = \frac{S_R}{S_{yy}} = \frac{S_{yy} - S_e}{S_{yy}} = 1 - \frac{S_e}{S_{yy}}$$

となります．この R^2 が，重回帰分析における寄与率です．すなわち，重相関係数の2乗が寄与率です．

ちなみに，単回帰分析のときは，寄与率は目的変数と説明変数の標本相関係数の2乗でした．

5.5 説明変数の選択

本章の基本問題では，4章の広告費を説明変数とした単回帰分析に，営業部員数を説明変数として追加した重回帰分析を扱いました．この経緯を，説明変数の選択という観点から解説します．なお，説明変数としては別の変数（職場内教育など）を用いることも可能であり，そのような3個の説明変数からの選択については，演習問題で取り上げています．

まず，説明変数が何もないモデル

$$M_0\colon y_i = \alpha + \varepsilon_i$$

を考えます．つぎに，M_0 に変数 x_1（広告費）を取り込んだモデル

$$M_{1\text{-}1}\colon y_i = \alpha + \beta x_{1i} + \varepsilon_i$$

を考えます．そして，$M_{1\text{-}1}$ モデルでの残差平方和と回帰による平方和を $S_e(M_{1\text{-}1})$，$S_R(M_{1\text{-}1})$ と表現します．このとき，M_0 が正しい（モデルとして適切である）ときに，統計量

$$F_0(M_{1\text{-}1}) = \frac{(S_{yy} - S_e(M_{1\text{-}1}))/1}{S_e(M_{1\text{-}1})/(n-2)} \tag{5.22}$$

は自由度 $(1, n-2)$ の F 分布 $(F(1, n-2))$ に従うことが知られています．ここで，自由度 $(1, n-2)$ の数は

$1 \cdots$ 説明変数の数

$n-2 \cdots$ データ数 $-1-M_{1\text{-}1}$ の説明変数の数

で決定されます．

式 (5.22) の統計量は，4章で扱った統計量 t_0

$$t_0 = \frac{\widehat{\beta}}{\sqrt{V_e/S_{xx}}}$$

の2乗です．なぜなら，

$$t_0^2 = \frac{\widehat{\beta}^2 S_{xx}}{V_e} = \frac{\widehat{\beta} S_{xy}}{V_e} = \frac{S_R}{V_e}$$

であり，$M_{1\text{-}1}$ を省くと

$$F_0 = \frac{S_R}{V_e}$$

となるからです．

F_0 の値が大きいときには（t_0 の値も大きいので），帰無仮説 H_0; $\beta = 0$ を棄却するので，統計的に $\beta \neq 0$ と判断でき，モデル $M_{1\text{-}1}$ を支持します．通常では，「F_0 の値が2より大きいかどうか」を目安とします．

また，M_0 に変数 x_2（営業部員数）を取り込んだモデル

$$M_{1\text{-}2}\colon y_i = \alpha + \beta x_{2i} + \varepsilon_i$$

を考え，同様にして $F_0(M_{1\text{-}2})$ を計算します．もし，$F_0(M_{1\text{-}1})$ と $F_0(M_{1\text{-}2})$ の両方とも2以上ならば，その値が大きいほうの変数をモデルに取り入れます．たとえば，$F_0(M_{1\text{-}1})$ のほうが大きければ，モデル $M_{1\text{-}1}$ を採用します．もし，両方とも2未満ならば，どちらも取り入れずモデル M_0 を支持します．

いま，$M_{1\text{-}1}$ モデルが採用されたとします．つぎに，$M_{1\text{-}1}$ に変数 x_2 を追加するかどうかを判断します．変数 x_2 を追加したモデル

$$M_2\colon y_i = \alpha + \beta x_{1i} + \gamma x_{2i} + \varepsilon_i$$

を考えます．ここで，M_2 モデルでの残差平方和を $S_e(M_2)$ と表現します．前の議論から，誤差項 ε の母分散 σ^2 の推定量 V_e の表現は，$M_{1\text{-}1}$ モデルでは

$$V_e = \frac{S_e(M_{1\text{-}1})}{n-2}$$

となり，M_2 モデルでは

$$V_e = \frac{S_e(M_2)}{n-3}$$

となります．

このとき，$M_{1\text{-}1}$ が正しければ，統計量

$$\begin{aligned} F_0(M_2) &= \frac{\{S_e(M_{1\text{-}1}) - S_e(M_2)\}/\{(n-2)-(n-3)\}}{S_e(M_2)/(n-3)} \\ &= \frac{\{S_e(M_{1\text{-}1}) - S_e(M_2)\}/1}{S_e(M_2)/(n-3)} \end{aligned} \tag{5.23}$$

は自由度 $(1, n-3)$ の F 分布 $(F(1, n-3))$ に従うことが知られています．ここで，自由度 $(1, n-3)$ の数は

$$1 \cdots M_2 \text{ の説明変数の数} - M_{1\text{-}1} \text{ の説明変数の数}$$

$$n-3 \cdots \text{データ数} - 1 - M_2 \text{ の説明変数の数}$$

で決定されます．前と同様にして，$F_0(M_2)$ の値が大きいときには（2 以上ならば），モデル M_2 を支持します．一方，2 未満のときには，モデル $M_{1\text{-}1}$ を支持します．

目的変数 y の総変動 S_{yy} を $M_{1\text{-}1}$ モデルと M_2 モデルのときに図で表現すると，図 5.3 のようになります．この図より，$F_0(M_2)$ の分子は「モデル $M_{1\text{-}1}$ からモデル M_2 に変更することにより残差平方和 S_e がどのくらい減少するかを測る量」であることがわかります．すなわち，$M_{1\text{-}1}$ モデルから M_2 モデルに変更することにより，残差平方和が十分減少したと統計的に判断できれば，モデル M_2 を支持することになるのです．

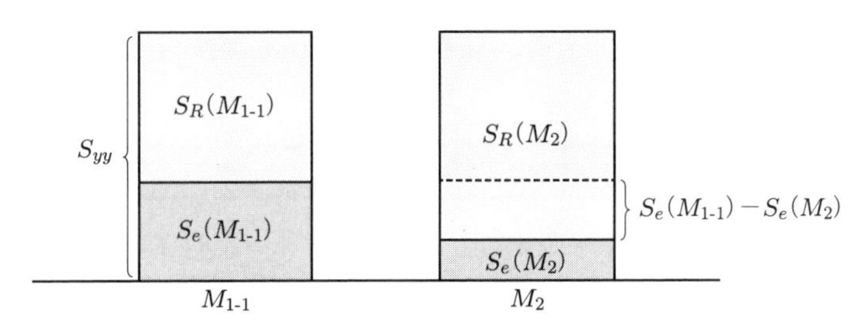

図 5.3　総変動 S_{yy} の表現方法

つぎの例題や演習問題では，説明変数の選択を具体的に計算しているので，自分の手で解いてみてください．

例題 5.1　表 5.1 のデータに対して，説明変数の選択を実行せよ．

解答　広告費 (x_1) を取り込んだ $M_{1\text{-}1}$ モデルの残差平方和は，4 章の例題 4.3 の解答より

$$S_e(M_{1\text{-}1}) = S_{yy} - \widehat{\beta} S x_1 y = 20010 - 1.67 \times 7420 = 7618.6$$

であるので，

$$F_0(M_{1\text{-}1}) = \frac{20010 - 7618.6}{7618.6/8} = 13.0$$

です．また，営業部員数 (x_2) を取り込んだ $M_{1\text{-}2}$ モデルの残差平方和は，例題 4.3 と同様に計算すると，

$$S_e(M_{1\text{-}2}) = S_{yy} - \widehat{\beta} S_{x_2 y} = 20010 - 42.46 \times 259 = 9012.86$$

であるので，

$$F_0(M_{1\text{-}2}) = \frac{20010 - 9012.86}{9012.86/8} = 9.8$$

となります．ゆえに，$F_0(M_{1\text{-}1}) = 13.0, F_0(M_{1\text{-}2}) = 9.8$ はともに 2 より大きいので，F_0 値の大きい広告費 (x_1) を取り込んだ $M_{1\text{-}1}$ モデルを採用します．

つぎに，M_{1-1} モデルにさらに営業部員数 (x_2) を取り込むかどうかを検討します．すなわち，M_2 モデルを採用するかどうかです．基本問題の解答より，残差平方和 $S_e(M_2)$ は

$$\begin{aligned} S_e(M_2) &= S_{yy} - \widehat{\beta} S_{x_1 y} - \widehat{\gamma} S_{x_2 y} = 20010 - 1.12 \times 7420 - 22.61 \times 259 \\ &= 5843.61 \end{aligned}$$

であるので，

$$F_0(M_2) = \frac{7618.6 - 5843.61}{5843.61/7} = 2.13$$

となり，$F_0(M_2)$ の値が 2 より大きいので，M_2 モデルを採用します．

したがって，説明変数として広告費 x_1 と営業部員数 x_2 が選択されました． ■

5.6 予測区間

目的変数 y の動きを区間で予測することも重要です．説明変数が 2 個の重回帰モデル

$$y_i = \alpha + \beta x_{1i} + \gamma x_{2i} + \varepsilon_i$$

から，最小 2 乗法より求めた回帰式は

$$\widehat{y} = \widehat{\alpha} + \widehat{\beta} x_1 + \widehat{\gamma} x_2$$

で与えられました．この回帰式の分布を利用して，目的変数 y の信頼度 95%の予測区間を求めましょう．

最小 2 乗推定量 $(\widehat{\alpha}, \widehat{\beta}, \widehat{\gamma})$ を求めるときの方程式 (5.13) の係数行列 $\begin{pmatrix} S_{11} & S_{12} \\ S_{12} & S_{22} \end{pmatrix}$ の逆行列を

$$\begin{pmatrix} S_{11} & S_{12} \\ S_{12} & S_{22} \end{pmatrix}^{-1} = \begin{pmatrix} S^{11} & S^{12} \\ S^{12} & S^{22} \end{pmatrix}$$

と表現することにします．そして，

$$D^2 = (n-1)\{(x_1 - \overline{x}_1)^2 S^{11} + 2(x_1 - \overline{x}_1)(x_2 - \overline{x}_2) S^{12} + (x_2 - \overline{x}_2)^2 S^{22}\}$$

とします．これをマハラノビスの距離の 2 乗とよびます．

すると，求めらた回帰式 $(\widehat{\alpha}+\widehat{\beta}x_1+\widehat{\gamma}x_2)$ の分布は，正規分布

$$N\left(\alpha+\beta x_1+\gamma x_2, \left(\frac{1}{n}+\frac{D^2}{n-1}\right)\sigma^2\right)$$

に従うことが知られています．これを標準化すると，

$$\frac{\widehat{\alpha}+\widehat{\beta}x_1+\widehat{\gamma}x_2-(\alpha+\beta x_1+\gamma x_2)}{\sqrt{\left(\frac{1}{n}+\frac{D^2}{n-1}\right)\sigma^2}}$$

は標準正規分布 $N(0,1)$ に従います．ここで，母分散 σ^2 は未知であるので，式 (5.5) で与えられる推定量 V_e を σ^2 のところに代入すると，

$$\frac{\widehat{\alpha}+\widehat{\beta}x_1+\widehat{\gamma}x_2-(\alpha+\beta x_1+\gamma x_2)}{\sqrt{\left(\frac{1}{n}+\frac{D^2}{n-1}\right)V_e}}$$

となり，この統計量は自由度 $(n-3)$ の t 分布に従います．

よって，t 分布のパーセント点 $t(n-3;0.05)$ を用いると，単回帰分析のときと同様にして，母回帰 $(\alpha+\beta x_1+\gamma x_2)$ の信頼度 95%の信頼区間は

$$\widehat{\alpha}+\widehat{\beta}x_1+\widehat{\gamma}x_2 \pm t(n-3;0.05)\sqrt{\left(\frac{1}{n}+\frac{D^2}{n-1}\right)V_e} \tag{5.24}$$

で与えられます．

目的変数 $y=\alpha+\beta x_1+\gamma x_2+\varepsilon$ の信頼度 95%の信頼区間が，予測区間です．これは，目的変数 y が母回帰 $(\alpha+\beta x_1+\gamma x_2)$ に誤差項 ε を加えた量であることから，ε の分散 σ^2 の推定量 V_e を式 (5.24) のルートの中に加えた式で与えられます．すなわち，目的変数 y の信頼度 95%の予測区間は，

$$\widehat{\alpha}+\widehat{\beta}x_1+\widehat{\gamma}x_2 \pm t(n-3;0.05)\sqrt{\left(1+\frac{1}{n}+\frac{D^2}{n-1}\right)V_e} \tag{5.25}$$

で与えられます．

演習問題 5章

5.1 都道府県別の乗用車保有台数，道路舗装率と事故数のデータが表 5.3 で与えられている．このとき，つぎの問いに答えよ．

(1) 保有台数（変数 x_1）を説明変数として，目的変数である事故数（変数 y）の回帰式

表 5.3 都道府県別データ [7][8]

i	1	2	3	4	5	6	7	8	9	10
都道府県	愛知	大阪	福岡	東京	静岡	埼玉	神奈川	兵庫	千葉	群馬
保有台数（単位：10 万円）	41	27	25	31	22	31	30	23	27	13
舗装率（単位：%）	33	74	17	64	27	17	57	39	25	17
事故数（単位：1000 件）	46	43	41	37	34	31	31	30	20	17

とその寄与率を求めよ.

(2) 保有台数 (x_1) と舗装率 (x_2) を説明変数として，目的変数である事故数 (y) の回帰式とその寄与率を求めよ.

5.2 表 5.4 のデータから，仕事の魅力 (x_1) と職場内教育 (x_2) を説明変数として，労働生産性 (y) の回帰式とその寄与率も求めよ.

表 5.4 労働生産性のデータ

会社	労働生産性	仕事の魅力	職場内教育	経営施策・方針の浸透
1	56.0	4.00	3.48	3.90
2	34.0	3.49	3.38	3.50
3	14.8	3.30	2.90	3.33
4	14.7	3.50	3.05	3.16
5	12.3	3.39	3.03	2.95
6	11.8	3.30	3.24	3.00
7	11.7	3.21	3.28	2.97
8	11.0	3.15	3.40	3.26
9	6.5	3.20	3.15	2.87
10	6.2	3.16	3.09	2.76

※労働生産性は，1 人の従業員が年間に上げる付加価値（単位：100 万円）の平均値です．仕事の魅力などは，従業員意識調査による 5 段階評価の平均値です．

5.3 表 5.4 のデータから，職場内教育 (x_2) と経営施策・方針の浸透 (x_3) を説明変数として，労働生産性 (y) の回帰式とその寄与率を求めよ.

5.4 表 5.4 のデータから，労働生産性（変数 y）を説明するのに最もよい説明変数を，仕事の魅力（変数 x_1），職場内教育（変数 x_2）と経営施策・方針の浸透（変数 x_3）の中から選択し，その説明変数を用いて，目的変数 y の回帰式を求め，その寄与率も求めよ.

5.5 表 5.4 のデータに対して，演習問題 5.4 でモデル

$$M_{1\text{-}1}\colon y_i = \alpha + \beta x_{1i} + \varepsilon_i$$

を採用した．このモデルに，職場内教育 (x_2) または経営施策・方針の浸透 (x_3) を追加した，説明変数が 2 個の重回帰モデルのうち，どちらがよいかを説明変数の選択で判定せよ．また，採用された重回帰モデルを用いて，目的変数 y の回帰式を求め，その寄与率も計算せよ.

6 章

数量化Ⅰ類——質的変数を量的変数へ

4 章と 5 章で解説した回帰分析は，目的変数と説明変数がともに量的変数の場合の解析方法です．本章で解説する数量化Ⅰ類は，目的変数が量的変数で，説明変数が質的変数の場合の解析手順です．心理現象や社会現象を解析するときには，量的なデータだけではなく，質的データを扱う場合もあります．またさらに，説明変数に量的変数と質的変数が同時に入ることもあるので，そのような場合も例題を通して解説します．

6.1 はじめに

4 章，5 章で表 6.1 のデータに関する回帰分析を実行しました．本章では，広告費を「多い」か「少ない」の質的変数で表現したデータ（表 6.2）の解析を行います．

表 6.1 売上高のデータ (1)

営業所	1	2	3	4	5	6	7	8	9	10
広告費（単位：100 万円）	90	50	40	60	50	20	50	30	40	10
営業部員数（単位：人）	9	7	8	8	7	7	7	7	6	7
年間売上高（単位：100 万円）	220	190	160	150	150	130	120	100	80	70

表 6.2 売上高のデータ (2)

営業所	1	2	3	4	5	6	7	8	9	10
広告費	多	多	少	多	多	少	多	少	少	少
年間売上高（単位：100 万円）	220	190	160	150	150	130	120	100	80	70

基本問題 表 6.2 で与えられる売上高を目的変数 (y)，広告費を説明変数 (x) として，目的変数の回帰式を求め，その寄与率も計算せよ．

〈解説〉 表 6.2 の広告費は「多い」か「少ない」のいずれかなので，質的変数です．数量化Ⅰ類は，数値変数でない質的変数を数量化して回帰分析で解析する方法です．質的変数をダミー変数に変換し，ダミー変数を量的変数と考えることを数量化といいます．

〈分析の流れ〉

Step1 広告費を量的変数と考えられるダミー変数 (x) に変換します.

Step2 回帰モデル

$$y_i = \alpha + \beta x_i + \varepsilon_i \tag{6.1}$$

を考えます.

回帰式 $\widehat{y} = \widehat{\alpha} + \widehat{\beta}x$ を求めます. 最小2乗推定量 $(\widehat{\alpha}, \widehat{\beta})$ は, 最小2乗法により求めます.

Step3 Step2で求めた回帰式の寄与率を求めて, 回帰式を評価します.

表6.2では, 広告費を2段階に分類しているので, 変数は1個で表現できます. すなわち,

$$x_i = \begin{cases} 1, & \text{営業所 } i \text{ の広告費が多い} \\ 0, & \text{営業所 } i \text{ の広告費が少ない} \end{cases}$$

で定義される変数 (x) を導入して, Step1で与えられる回帰モデルを考えます. そして, 回帰分析により最小2乗推定量 $(\widehat{\alpha}, \widehat{\beta})$ を求めればよいのです. 導入した変数 (x) はダミー変数とよばれます.

〈基本問題の解答〉

Step1 表6.2をダミー変数で表現すると表6.3となります.

Step2 表6.3のデータに, 4章で与えた回帰分析の公式を適用するために, 補助表6.4を作成します.

表6.3 売上高のデータ (3)

営業所	1	2	3	4	5	6	7	8	9	10
広告費	1	1	0	1	1	0	1	0	0	0
年間売上高(単位:100万円)	220	190	160	150	150	130	120	100	80	70

補助表6.4と4章の式(4.1)より

$$\widehat{\beta} = \frac{S_{xy}}{S_{xx}} = \frac{145}{2.5} = 58.0$$

$$\widehat{\alpha} = \overline{y} - \widehat{\beta}\overline{x} = 137 - 58 \times 0.5 = 108$$

であるので, 求める回帰式は

$$\widehat{y} = 108 + 58x$$

表 6.4 補助表

i	x_i	y_i	$x_i-\overline{x}$	$y_i-\overline{y}$	$(x_i-\overline{x})^2$	$(y_i-\overline{y})^2$	$(x_i-\overline{x})(y_i-\overline{y})$
1	1	220	0.5	83	0.25	6889	41.5
2	1	190	0.5	53	0.25	2809	26.5
3	0	160	−0.5	23	0.25	529	−11.5
4	1	150	0.5	13	0.25	169	6.5
5	1	150	0.5	13	0.25	169	6.5
6	0	130	−0.5	−7	0.25	49	3.5
7	1	120	0.5	−17	0.25	289	−8.5
8	0	100	−0.5	−37	0.25	1369	18.5
9	0	80	−0.5	−57	0.25	3249	28.5
10	0	70	−0.5	−67	0.25	4489	33.5
計	5	1370	0	0	2.50	20010	145.0

$\overline{y}=137$

$\overline{x}=0.5$

となります.

Step3 残差平方和は 4 章の式 (4.2) より

$$S_e = S_{yy} - \widehat{\beta}S_{xy} = 20010 - 58 \times 145 = 11600$$

であり，また回帰による平方和は

$$S_R = \widehat{\beta}S_{xy} = 58 \times 145 = 8410$$

です．よって，寄与率は式 (4.3) より，

$$R^2 = 1 - \frac{S_e}{S_{yy}} = 1 - \frac{11600}{20010} = 0.420$$

または

$$R^2 = \frac{S_R}{S_{yy}} = \frac{8410}{20010} = 0.420$$

で与えられます.

►**注 1** 一般に，ダミー変数は（分類の段階数 -1）個必要です．たとえば，基本問題では広告費を「多い」,「少ない」の 2 段階に分類しましたが，これを「多い」,「普通」,「少ない」の 3 段階に分類する場合には，ダミー変数は 2 個（$=(3-1)$ 個）必要になります．この問題は，6.4 節で扱います.

►**注 2** 表 6.1 のデータで，広告費 (x) を説明変数として売上高 (y) の回帰式を求めると，4 章の例題 4.3 より

$$\widehat{y} = 63.52 + 1.67x$$

となり，その寄与率は

$$R^2 = 0.620$$

です．基本問題では，広告費について，表 6.1 の数値データの代わりに，広告費の多い営業所と少ない営業所に分けたところ，寄与率は 42%となりました．6.4 節では，営業所の広告費を「多い」，「普通」，「少ない」の 3 段階に分類した場合を解析します．これによって，その寄与率は高くなるでしょうか．

6.2 説明変数が 2 個のとき

本節では，説明変数が 2 個のときの数量化Ⅰ類を扱います．科目「多変量解析」の期末試験の点数が，1 回ずつある「レポートの提出」と「出欠席の調査」でどのくらい説明できるかを例題で解析してみましょう．科目「多変量解析」のデータが表 6.5 で与えられているとします．

表 6.5　科目「多変量解析」に関するデータ

学生	1	2	3	4	5	6	7	8	9	10
レポート提出の有無	有	有	有	無	無	有	無	有	無	有
出席か欠席か	欠	出	出	出	出	欠	出	出	出	出
期末試験の点数	70	100	90	90	60	80	75	95	65	75

例題 6.1　表 6.5 の点数を目的変数 (y)，レポート提出の有無（変数 x_1）と出席か欠席か（変数 x_2）を説明変数として，目的変数の回帰式とその寄与率を求めよ．

解答「提出の有無」と「出席か欠席か」は質的変数であるので，ダミー変数を 2 個導入します．すなわち，

$$x_{1i} = \begin{cases} 1, & \text{学生 } i \text{ はレポートを提出した} \\ 0, & \text{学生 } i \text{ はレポートを提出していない} \end{cases}$$

$$x_{2i} = \begin{cases} 1, & \text{学生 } i \text{ は出欠の調査日に出席した} \\ 0, & \text{学生 } i \text{ は出欠の調査日に欠席した} \end{cases}$$

として，重回帰モデル

$$y_i = \alpha + \beta x_{1i} + \gamma x_{2i} + \varepsilon_i$$

を考えます．

まずはじめに，補助表 6.6 を作成します．補助表より，

$$S_{11} = 2.40, \quad S_{22} = 1.60, \quad S_{yy} = 1600$$

表 6.6 補助表

i	x_{1i}	x_{2i}	y_i	$x_{1i}-\bar{x}_1$	$x_{2i}-\bar{x}_2$	$y_i-\bar{y}$	$(x_{1i}-\bar{x}_1)^2$	$(x_{2i}-\bar{x}_2)^2$	$(y_i-\bar{y})^2$	$(x_{1i}-\bar{x}_1)\times(x_{2i}-\bar{x}_2)$	$(x_{1i}-\bar{x}_1)\times(y_i-\bar{y})$	$(x_{2i}-\bar{x}_2)\times(y_i-\bar{y})$
1	1	0	70	0.4	−0.8	−10	0.16	0.64	100	−0.32	−4.0	8.0
2	1	1	100	0.4	0.2	20	0.16	0.04	400	0.08	8.0	4.0
3	1	1	90	0.4	0.2	10	0.16	0.04	100	0.08	4.0	2.0
4	0	1	90	−0.6	0.2	10	0.36	0.04	100	−0.12	−6.0	2.0
5	0	1	60	−0.6	0.2	−20	0.36	0.04	400	−0.12	12.0	−4.0
6	1	0	80	0.4	−0.8	0	0.16	0.64	0	−0.32	0	0
7	0	1	75	−0.6	0.2	−5	0.36	0.04	25	−0.12	3.0	−1.0
8	1	1	95	0.4	0.2	15	0.16	0.04	225	0.08	6.0	3.0
9	0	1	65	−0.6	0.2	−15	0.36	0.04	225	−0.12	9.0	−3.0
10	1	1	75	0.4	0.2	−5	0.16	0.04	25	0.08	−2.0	−1.0
計	6	8	800	0	0	0	2.40	1.60	1600	−0.80	30.0	10.0

$\bar{y}=80$

$\bar{x}_2=0.8$

$\bar{x}_1=0.6$

$$S_{12}=-0.80,\quad S_{1y}=30.0,\quad S_{2y}=10.0$$

であるので，5 章の式 (5.2) より

$$\widehat{\beta}=\frac{1.60\times 30.0+0.80\times 10.0}{2.40\times 1.60-(-0.80)^2}=17.50$$

$$\widehat{\gamma}=\frac{0.80\times 30.0+2.40\times 10.0}{2.40\times 1.60-(-0.80)^2}=15.00$$

$$\widehat{\alpha}=80-17.50\times 0.6-15.00\times 0.8=57.50$$

となり，求める回帰式は

$$\widehat{y}=57.50+17.50x_1+15.00x_2$$

となります．また，回帰による平方和は

$$S_R=17.50\times 30.0+15.00\times 10.0=675.0$$

であるので，寄与率は

$$R^2=\frac{S_R}{S_{yy}}=\frac{675.0}{1600}=0.422$$

です．

すなわち，期末試験の点数は，「レポート提出の有無」と「出席か欠席か」の情報から，42.2%説明できることがわかりました． ■

6.3 説明変数に量的変数と質的変数が含まれるとき

心理現象や社会現象のデータを扱うときには，説明変数に量的変数と質的変数が同

時に入ることが多いので，本節ではそのような状況下での解析を，例題を通して解説します．

例題 6.2　表 6.7 の年間売上高を目的変数 (y)，広告費を説明変数 (x_1)，そして営業部員数を説明変数 (x_2) として，目的変数の回帰式とその寄与率を求めよ．さらに，誤差項の母分散の推定量 V_e も求めよ．

表 6.7　売上高のデータ

営業所	1	2	3	4	5	6	7	8	9	10
広告費	多	多	少	多	多	少	多	少	少	少
営業部員数（単位：人）	9	7	8	8	7	7	7	7	6	7
年間売上高（単位：100 万円）	220	190	160	150	150	130	120	100	80	70

解答　広告費は質的変数であるので，ダミー変数

$$x_{1i} = \begin{cases} 1, & \text{営業所 } i \text{ の広告費が多い} \\ 0, & \text{営業所 } i \text{ の広告費が少ない} \end{cases}$$

を導入して，重回帰モデル

$$y_i = \alpha + \beta x_{1i} + \gamma x_{2i} + \varepsilon_i \tag{6.2}$$

を考えます．ここで，4.2 節で述べたように，誤差項 ε_i は独立に平均 0，分散 σ^2 の正規分布に従っています．

補助表 6.8 より，

表 6.8　補助表

i	x_{1i}	x_{2i}	y_i	$(x_{1i}-\overline{x}_1)^2$	$(x_{2i}-\overline{x}_2)^2$	$(y_i-\overline{y})^2$	$(x_{1i}-\overline{x}_1)\times(x_{2i}-\overline{x}_2)$	$(x_{1i}-\overline{x}_1)\times(y_i-\overline{y})$	$(x_{2i}-\overline{x}_2)\times(y_i-\overline{y})$
1	1	9	220	0.25	2.89	6889	0.85	41.5	141.1
2	1	7	190	0.25	0.09	2809	−0.15	26.5	−15.9
3	0	8	160	0.25	0.49	529	−0.35	−11.5	16.1
4	1	8	150	0.25	0.49	169	0.35	6.5	9.1
5	1	7	150	0.25	0.09	169	−0.15	6.5	−3.9
6	0	7	130	0.25	0.09	49	0.15	3.5	2.1
7	1	7	120	0.25	0.09	289	−0.15	−8.5	5.1
8	0	7	100	0.25	0.09	1369	0.15	18.5	11.1
9	0	6	80	0.25	1.69	3249	0.65	28.5	74.1
10	0	7	70	0.25	0.09	4489	0.15	33.5	20.1
計	5	73	1370	2.50	6.10	20010	1.50	145.0	259.0

$\overline{y} = 137$

$\overline{x}_2 = 7.3$

$\overline{x}_1 = 0.5$

$$\overline{x}_1 = 0.5, \quad \overline{x}_2 = 7.3, \quad \overline{y} = 137$$

$$S_{11} = 2.5, \quad S_{22} = 6.1, \quad S_{12} = 1.5$$

$$S_{1y} = 145, \quad S_{2y} = 259, \quad S_{yy} = 20010$$

であるので，5 章の式 (5.2) より，

$$\widehat{\beta} = \frac{6.1 \times 145 - 1.5 \times 259}{2.5 \times 6.1 - (1.5)^2} = \frac{496.0}{13.0} = 38.15$$

$$\widehat{\gamma} = \frac{-1.5 \times 145 + 2.5 \times 259}{2.5 \times 6.1 - (1.5)^2} = \frac{430.0}{13.0} = 33.08$$

$$\widehat{\alpha} = 137 - 38.15 \times 0.5 - 33.08 \times 7.3 = -123.56$$

となり，求める回帰式は

$$\widehat{y} = -123.56 + 38.15x_1 + 33.08x_2$$

となります．また，回帰による平方和は

$$S_R = \widehat{\beta}S_{1y} + \widehat{\gamma}S_{2y} = 38.15 \times 145 + 33.08 \times 259 = 14099.47$$

であるので，残差平方和は

$$S_e = S_{yy} - S_R = 5910.53$$

です．ゆえに，母分散 σ^2 の推定量 V_e と寄与率 R^2 は，5 章の式 (5.4), (5.5) より

$$V_e = \frac{S_e}{n-3} = \frac{5910.53}{7} = 844.36$$

$$R^2 = \frac{S_R}{S_{yy}} = \frac{14099.47}{20010} = 0.705$$

となります． ■

► **注** 5 章の基本問題では，表 5.1 のデータから広告費 (x_1) と営業部員数 (x_2) を説明変数として，目的変数である売上高 (y) の回帰式を求め，その寄与率も計算しています．回帰式は

$$\widehat{y} = -77.33 + 1.12x_1 + 22.61x_2$$

であり，その寄与率は

$$R^2 = 0.708$$

でした．

例題 6.2 では，表 6.1 の広告費を多い営業所と少ない営業所に分けて数量化 I 類で解析していますが，寄与率は $R^2 = 0.705$ で，5 章の基本問題の寄与率とほぼ同等です．

この例題のデータでは，量的変数を質的変数に変えても寄与率はほぼ同じでした．

6.4 質的変数の精密化

4章の例題4.3では，広告費を実額（表4.4）を用いて解析しています．そのときの寄与率は62.0%でした．本章の基本問題では，広告費を「多い」，「少ない」の質的変数で解析していますが，そのときの寄与率は42.0%であり，寄与率に大きな違いが生じています．

そこで本節では，説明変数（質的変数）をもう少し精密にしたデータを用いて解析してみましょう．具体的には，表6.9のように，「多い」，「普通」，「少ない」の3段階で広告費を表現したデータを用います．

表6.9　売上高のデータ (3)

営業所	1	2	3	4	5	6	7	8	9	10
広告費	多	普	普	多	普	少	普	少	普	少
年間売上高 （単位：100万円）	220	190	160	150	150	130	120	100	80	70

例題6.3　表6.9で与えられる売上高を目的変数 (y)，広告費を説明変数 (x) として，目的変数の回帰式を求め，その寄与率も計算せよ．

解答　広告費は質的変数であり，3段階に分類されているので，ダミー変数は $(3-1)$ 個必要です．ダミー変数として

$$x_{1i} = \begin{cases} 1, & \text{営業所 } i \text{ は広告費が多い} \\ 0, & \text{営業所 } i \text{ は広告費が多くない} \end{cases}$$

$$x_{2i} = \begin{cases} 1, & \text{営業所 } i \text{ は広告費が普通である} \\ 0, & \text{営業所 } i \text{ は広告費が普通でない} \end{cases}$$

を導入すると，たとえば，営業所1は広告費が多いので $(x_{11}, x_{21}) = (1, 0)$，営業所2は広告費が普通なので $(x_{12}, x_{22}) = (0, 1)$ で，営業所6は広告費が少ないので $(x_{16}, x_{26}) = (0, 0)$ と，二つの変数で広告費の多さが表現されます．

この2変数を説明変数とする回帰モデル

$$y_i = \alpha + \beta x_{1i} + \gamma x_{2i} + \varepsilon_i$$

を考え，重回帰分析を実行します．そのために，補助表6.10を作成します．

補助表より

$$\overline{x}_1 = 0.2, \quad \overline{x}_2 = 0.5, \quad \overline{y} = 137$$

$$S_{11} = 1.6, \quad S_{22} = 2.5, \quad S_{12} = -1$$

表 6.10 補助表

i	x_{1i}	x_{2i}	y_i	$x_{1i}-\bar{x}_1$	$x_{2i}-\bar{x}_2$	$y_i-\bar{y}$	$(x_{1i}-\bar{x}_1)^2$	$(x_{2i}-\bar{x}_2)^2$	$(y_i-\bar{y})^2$	$(x_{1i}-\bar{x}_1)$ $\times(x_{2i}-\bar{x}_2)$	$(x_{1i}-\bar{x}_1)$ $\times(y_i-\bar{y})$	$(x_{2i}-\bar{x}_2)$ $\times(y_i-\bar{y})$
1	1	0	220	0.8	−0.5	83	0.64	0.25	6889	−0.40	66.4	−41.5
2	0	1	190	−0.2	0.5	53	0.04	0.25	2809	−0.10	−10.6	26.5
3	0	1	160	−0.2	0.5	23	0.04	0.25	529	−0.10	−4.6	11.5
4	1	0	150	0.8	−0.5	13	0.64	0.25	169	−0.40	10.4	−6.5
5	0	1	150	−0.2	0.5	13	0.04	0.25	169	−0.10	−2.6	6.5
6	0	0	130	−0.2	−0.5	−7	0.04	0.25	49	0.10	1.4	3.5
7	0	1	120	−0.2	0.5	−17	0.04	0.25	289	−0.10	3.4	−8.5
8	0	0	100	−0.2	−0.5	−37	0.04	0.25	1369	0.10	7.4	18.5
9	0	1	80	−0.2	0.5	−57	0.04	0.25	3249	−0.10	11.4	−28.5
10	0	0	70	−0.2	−0.5	−67	0.04	0.25	4489	0.10	13.4	33.5
計	2	5	1370	0	0	0	1.60	2.50	20010	−1.00	96.0	15.0

$\bar{y}=137$

$\bar{x}_2=0.5$

$\bar{x}_1=0.2$

$$S_{1y}=96, \quad S_{2y}=15, \quad S_{yy}=20010$$

であるので，5 章の式 (5.2) より，

$$\widehat{\beta}=\frac{2.5\times 96+15}{1.6\times 2.5-(-1)^2}=\frac{255}{3}=85.0$$

$$\widehat{\gamma}=\frac{96+1.6\times 15}{1.6\times 2.5-(-1)^2}=\frac{120}{3}=40.0$$

$$\widehat{\alpha}=137-85\times 0.2-40\times 0.5=100$$

となり，求める回帰式は

$$\widehat{y}=100+85x_1+40x_2$$

となります．また，回帰による平方和は

$$S_R=\widehat{\beta}S_{1y}+\widehat{\gamma}S_{2y}=85\times 96+40\times 15=8760$$

であるので，残差平方和は

$$S_e=S_{yy}-S_R=11250$$

です．よって，寄与率は

$$R^2=\frac{S_R}{S_{yy}}=\frac{8760}{20010}=0.438$$

または

$$R^2=1-\frac{S_e}{S_{yy}}=1-\frac{11250}{20010}=0.438$$

です． ■

以上のように，本章の基本問題と例題 6.3 で扱った問題では，数量化 I 類を用いて解析する場合，3 段階のデータ（質的変数）のほうが，2 段階のデータ（質的変数）よりもわずかですが説明力が高くなりました．また，広告費を量的変数で解析した 4 章の例題 4.3 の寄与率との差は大きいですが，現実のデータでは量的変数で解析するよりも，質的変数で数量化 I 類を用いて解析したほうが説明力が高いものもあります．データを解析するときは，数量化 I 類を含めていろいろ検証するとよいでしょう．

演習問題　6章

6.1　表 6.5 で与えられる期末試験の点数を目的変数 (y)，レポート提出の有無を説明変数 (x) として，目的変数 y の回帰式を求め，その寄与率も計算せよ．

6.2　表 6.11 で与えられる事故数を目的変数 (y)，舗装率を説明変数 (x) として，事故数の舗装率による回帰式を求め，その寄与率も計算せよ．

表 6.11　事故数と舗装率 [7][8]

i	1	2	3	4	5	6	7	8	9	10
都道府県	愛知	大阪	福岡	東京	静岡	埼玉	神奈川	兵庫	千葉	群馬
舗装率	普	多	少	多	少	少	多	普	少	少
事故数（単位：1000 件）	46	43	41	37	34	31	31	30	20	17

7章

クラスター分析——似た者どうしに分ける

クラスター分析は，異質なものが混ざり合っている対象を，それらの類似度に基づいて，似た者どうしの集団（クラスター）に分ける手法です．具体的には，対象間の距離を与えて，距離の近さによって対象を分類します．

7.1 はじめに

クラスター分析は，データの構造を知り，見通しをよくするために有効な手段であることから，経済学，生物学や法学など幅広い分野で活用されています．ここでは，北海道・東北地方の地域（7 道県）を，産業別就業者数のデータに基づいて分類してみましょう．

基本問題 表 7.1 のデータにクラスター分析を適用し，北海道・東北地方の 7 地域の分類について検討せよ．

表 7.1 産業別就業者数 [2]

i	1	2	3	4	5	6	7
地域	北海道	青森	岩手	宮城	秋田	山形	福島
農業・林業 (x_1)	139	68	63	41	46	51	59
宿泊業・飲食サービス業 (x_2)	146	31	33	59	24	28	47

（単位：1000 人）

〈解説〉 クラスター分析は，対象間の距離を定義して，7 地域の近さをこの距離を用いて判定します．たとえば，どの地域とどの地域が似ているのか，いくつのクラスターに分けられるのか，異なるクラスター間の違いは何か，といったことが，クラスター分析によって検討できます．

〈分析の流れ〉

Step1　分類対象間の距離を計算し，距離が最小となる分類対象を統合して最初のクラスターとします．

Step2　新しく形成されたクラスターと残りの分類対象間の距離を計算し，分類対象間の距離も含めて最小のものを統合し，すべてが一つのクラスターに統合されるまでその作業を反復します．

Step3　クラスターの生成過程を示すデンドログラム（樹状図）を描き，適当な距離で切断することでいくつかのグループに分け，各グループの特徴を把握します．

本章では，変数が2個の場合のクラスター分析の手順を解説します．ここで，用いる距離はユークリッド距離とします．後の節では，マンハッタン・ノルムと最大ノルムを距離として用いて，クラスター分析を実行しています．

図7.1の点A，Bで表現されている平面上の2点 $\boldsymbol{x}_i = (x_{1i}, x_{2i})$ と $\boldsymbol{x}_j = (x_{1j}, x_{2j})$ のユークリッド距離 $d(\boldsymbol{x}_i, \boldsymbol{x}_j)$ は，

$$d(\boldsymbol{x}_i, \boldsymbol{x}_j) = \sqrt{(x_{1i} - x_{1j})^2 + (x_{2i} - x_{2j})^2} \tag{7.1}$$

です．すなわち，2点 $\boldsymbol{x}_i$ と $\boldsymbol{x}_j$ を結ぶ線分の長さです．

二つのクラスター C_1 と C_2 の距離 $d(C_1, C_2)$ は，クラスター C_1 に属する点 $\boldsymbol{x}$ とクラスター C_2 に属する点 $\boldsymbol{y}$ のユークリッド距離 $d(\boldsymbol{x}, \boldsymbol{y})$ を求めると，C_1 と C_2 に属する2点間の距離がいくつも求められますが，この中での最小値を，クラスター C_1 と C_2 の距離とします．これは最短距離法といわれています．

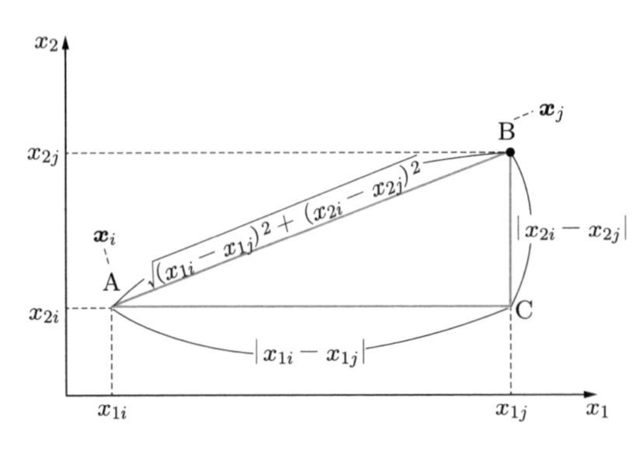

図7.1　ユークリッド距離

最短距離法を式で表現すると，

$$d(C_1, C_2) = \min_{\boldsymbol{x} \in C_1, \boldsymbol{y} \in C_2} d(\boldsymbol{x}, \boldsymbol{y}) \tag{7.2}$$

となります．$\boldsymbol{x} \in C_1$ は，点 $\boldsymbol{x}$ がクラスター C_1 に属していることを示しています．図7.2で式(7.2)をイメージしてください．2点間の距離 $d(\boldsymbol{x}_i, \boldsymbol{y}_j)$ の中での最小値がクラスター間の距離 $d(C_1, C_2)$ となるので，図7.2では，$d(C_1, C_2) = d(\boldsymbol{x}_2, \boldsymbol{y}_1)$ となり

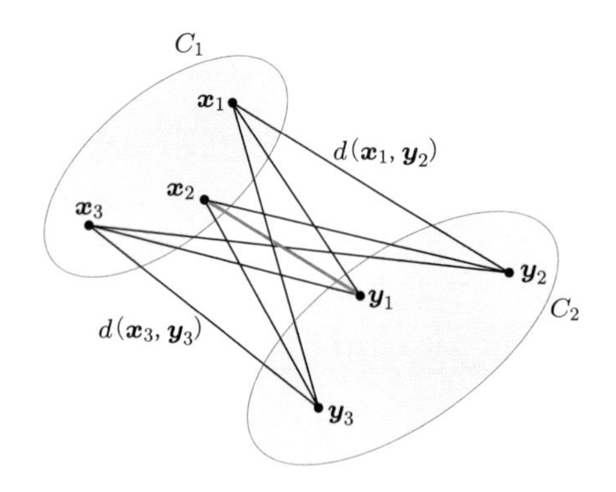

図 7.2 クラスター間の距離

ます．

変数が 3 個以上の場合でも，式 (7.1) の距離の表現において，項目数が増えるだけで，それ以外は上記の説明と同じです．

〈基本問題の解答〉

Step1　表 7.1 より，ユークリッド距離 (7.1) を用いて対象地域間の距離を計算すると，表 7.2 が得られます．

表 7.2 地域間の距離 (1)

	1	2	3	4	5	6
1						
2	135.2					
3	136.2	(5.4)				
4	131.0	38.9	34.1			
5	153.4	23.1	19.2	35.4		
6	147.2	17.3	13.0	32.6	6.4	
7	127.3	18.4	14.6	21.6	26.4	20.6

以後，簡単のため，$d(\boldsymbol{x}_i, \boldsymbol{x}_j) = d(i, j)$ と表現します．表 7.2 の最小値は，$d(2,3) = 5.4$ であるので，地域 2 と 3 を統合して最初のクラスターとします．これを $C_1 = \{2,3\} = C_1(2,3)$ と表現します．

Step2　つぎに，距離 (7.2) を用いてクラスター C_1 と対象地域間の距離を計算すると，表 7.3 が得られます．たとえば，地域 4 とクラスター C_1 の距離は，地域 4 と $C_1 = \{2,3\}$ の距離であるので，$d(4,2)$ と $d(4,3)$ の小さいほうが $d(4, C_1)$ となります．これを式で表現すると

$$d(4, C_1) = \mathrm{Min}(d(4,2), d(4,3))$$

●表 7.3● 地域間の距離 (2)

	1	4	5	6	7
1					
4	131.0				
5	153.4	35.4			
6	147.2	32.6	(6.4)		
7	127.3	21.6	26.4	20.6	
$C_1(2,3)$	135.2	34.1	19.2	13.0	14.6

で計算されるので，表 7.2 より

$$d(4, C_1) = \mathrm{Min}(38.9, 34.1) = 34.1$$

となります．

表 7.3 の最小値は，$d(5,6) = 6.4$ であるので，地域 5, 6 を 2 番目のクラスターとします．すなわち，$C_2 = \{5,6\} = C_2(5,6)$ と表現します．

前と同様にして，距離 (7.2) を用いて，新しいクラスター C_2 と残りの地域やクラスター C_1 との距離を計算すると，表 7.4 が得られます．ここで，クラスター C_1 と C_2 の距離は，$C_1 = \{2,3\}$ および $C_2 = \{5,6\}$ であるので，

$$\begin{aligned} d(C_1, C_2) &= \mathrm{Min}(d(2,5), d(2,6), d(3,5), d(3,6)) \\ &= \mathrm{Min}(23.1, 17.3, 19.2, 13.0) = 13.0 \end{aligned}$$

となります．あるいは，表 7.3 を利用すると，

$$d(C_1, C_2) = \mathrm{Min}(d(C_1, 5), d(C_1, 6)) = \mathrm{Min}(19.2, 13.0) = 13.0$$

で求めることができます．

●表 7.4● 地域間の距離 (3)

	1	4	7	C_2
1				
4	131.0			
7	127.3	21.6		
$C_2(5,6)$	147.2	32.6	20.6	
$C_1(2,3)$	135.2	34.1	14.6	(13.0)

表 7.4 の最小値は $d(C_1, C_2) = 13.0$ であるので，クラスター C_1 と C_2 を統合してクラスター C_3 とします．すなわち，$C_3 = \{2,3,5,6\} = C_3(2,3,5,6)$ と表現します．

同様にして，新しいクラスター C_3 と残りの地域やほかのクラスターとの距離を計算すると，表 7.5 が得られます．

表 7.5 地域間の距離 (4)

	1	4	7
1			
4	131.0		
7	127.2	21.6	
$C_3(2,3,5,6)$	135.2	32.6	(14.6)

表 7.5 の最小値は，$d(C_3, 7) = 14.6$ であるので，クラスター C_4 は，クラスター C_3 と地域 7 が統合したものになります．すなわち，$C_4 = \{2,3,5,6,7\} = C_4(2,3,5,6,7)$ と表現します．

同様にして，新しいクラスター C_4 とほかの地域クラスターとの距離を求めると，表 7.6 が得られます．

表 7.6 地域間の距離 (5)

	1	4
1		
4	131.0	
$C_4(2,3,5,6,7)$	127.2	(21.6)

表 7.6 の最小値は，$d(C_4, 4) = 21.6$ であるので，クラスター C_5 はクラスター C_4 と地域 4 を統合したものになります．すなわち，$C_5 = \{2,3,4,5,6,7\} = C_5(2,3,4,5,6,7)$ と表現します．

また，新しいクラスター C_5 との距離を計算すると，表 7.7 を得ます．

表 7.7 地域間の距離 (6)

	1
1	
$C_5(2,3,4,5,6,7)$	(127.2)

最後に，地域 1 をクラスター C_5 に統合して，クラスター $C_6 = \{1,2,3,4,5,6,7\}$ を形成して，クラスターの形成は終了します．

Step3 以上の計算過程から，デンドログラムを図 7.3 のように描きます．デンドログラムは，縦軸に対象間の距離，横軸に対象を配置し，対象や対象の集合をそれらの間の距離で結んだものです．クラスターの形成過程が描かれています．

クラスター分析によるグループ分けの結果と表 7.1 のデータを比較してみましょう．北海道は，就業者数がほかの 6 地域と比較して非常に多いので，ほかの 6 地域と分離していることがわかります．つぎに，宮城以外の 5 地域は農業・林業就業者数のほうが宿泊業・飲食サービス業の就業者数より多いので，宮城はこの 5 地域と分離してい

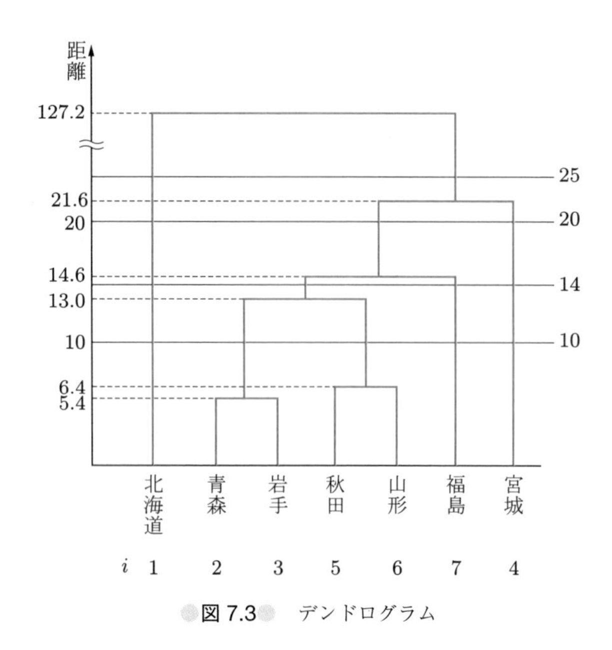

図 7.3 デンドログラム

ます．残った5地域の分類は，農業・林業就業者数と宿泊業・飲食サービス業就業者数の比を計算すると，福島がほかの4地域と分離していることがわかります．このように，クラスター分析によるグループ分けが理解できます．

また，デンドログラムをある距離で切って，地域をいくつかのグループに分類することもできます．上記のグループ分けは，以下に示す3通りの分け方とそれぞれ対応しています．図7.3を距離25で切って7地域を分類すると，下記の二つのグループに分類されます．

$$G_1 = \{\text{青森, 岩手, 秋田, 山形, 福島, 宮城}\} = C_5, \quad G_2 = \{\text{北海道}\}$$

距離20で分類すると，つぎの三つのグループに分類されます．

$$G_1 = \{\text{青森, 岩手, 秋田, 山形, 福島}\} = C_4$$
$$G_2 = \{\text{宮城}\}, \quad G_3 = \{\text{北海道}\}$$

また，距離14で分類すると，つぎの四つのグループに分類されます．

$$G_1 = \{\text{青森, 岩手, 秋田, 山形}\} = C_3$$
$$G_2 = \{\text{福島}\}, \quad G_3 = \{\text{宮城}\}, \quad G_4 = \{\text{北海道}\}$$

表7.1で与えられている7地域のデータを平面上に表現すると，図7.4のようになります．この図からも，地域分類の様子が見て取れます．

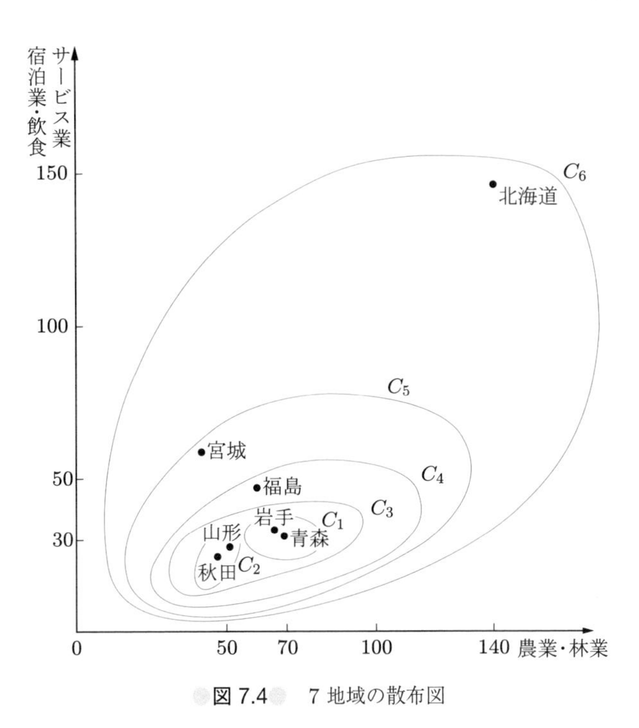

図 7.4 7 地域の散布図

後の演習問題では**鎖効果**が起きています．鎖効果は，図 7.5 のデンドログラムで示されるように，最初のクラスターに対象が一つずつ吸収されてクラスターが形成されていく現象です．この場合には，どの距離で切っても，あるクラスターからなる最初のグループと，その他の対象一つずつで構成されるクラスターからなるいくつかのグループに分類されることになり，グループに分類したことにはなりません．よって，鎖効果が起きた場合には，クラスター分析の目的が達成できていないことになります．

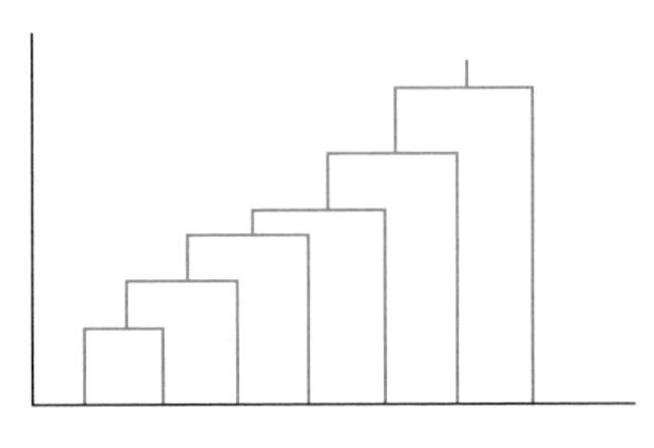

図 7.5 鎖効果のデンドログラム

例題 7.1　表 7.8 で与えられる建設会社 6 社の年間売上高 (x_1) と従業員数 (x_2) のデータにクラスター分析の手順を適用し，デンドログラムと散布図を描き，6 社の分類について検討せよ．

表 7.8　建設会社のデータ

会社	年間売上高 (x_1) (単位：100 億円)	従業員数 (x_2) (単位：100 人)
1	130	92
2	115	95
3	55	46
4	45	40
5	30	27
6	28	18

解答 表 7.8 より，ユークリッド距離 (7.1) を用いて対象会社間の距離を計算すると，表 7.9 を得ます．

表 7.9　会社間の距離 (1)

	1	2	3	4	5
1					
2	15.30				
3	87.98	77.47			
4	99.64	89.02	11.66		
5	119.27	108.85	31.40	19.85	
6	126.02	116.18	38.90	27.80	9.22

表 7.9 の最小値は，$d(5,6) = 9.22$ であるので，最初のクラスターを $C_1 = \{5,6\} = C_1(5,6)$ と表現します．

以下，基本問題と同様の計算で，表 7.10 から $C_2(3,4)$ が，表 7.11 から $C_3(1,2)$ が，表 7.12 から $C_4(3,4,5,6)$ が順に得られ，表 7.13 となります．

最後に，クラスター C_3 とクラスター C_4 を統合して，クラスター $C_5 = \{1,2,3,4,5\}$ を形成してクラスター分析は終了します．以上の計算過程からデンドログラムを描くと，図 7.6

表 7.10　会社間の距離 (2)

	1	2	3	4
1				
2	15.30			
3	87.98	77.47		
4	99.64	89.02	11.66	
$C_1(5,6)$	119.27	108.85	31.40	19.85

表 7.11　会社間の距離 (3)

	1	2	C_2
1			
2	15.30		
$C_2(3,4)$	87.98	77.47	
$C_1(5,6)$	119.27	108.85	19.85

表 7.12　会社間の距離 (4)

	C_3	C_2
$C_3(1,2)$		
$C_2(3,4)$	77.47	
$C_1(5,6)$	108.85	19.85

表 7.13　会社間の距離 (5)

	C_3
$C_3(1,2)$	
$C_4(5,6,3,4)$	77.47

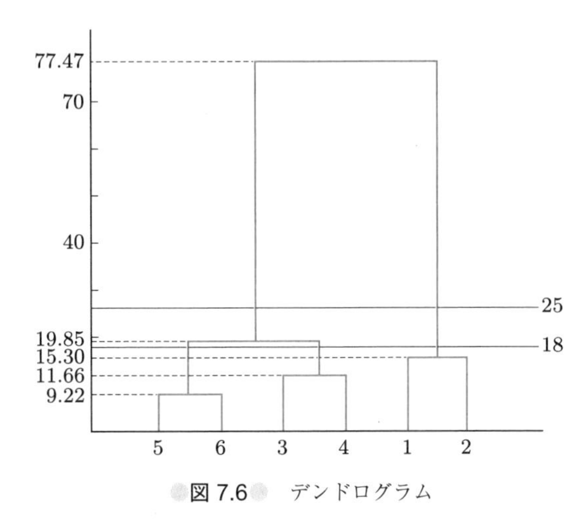

図 7.6　デンドログラム

のようになります．図 7.6 のデンドログラムより，距離 18 で会社を分類すると，

$$G_1 = \{5, 6\} = C_1, \quad G_2 = \{3, 4\} = C_2, \quad G_3 = \{1, 2\} = C_3$$

の三つのグループに分類され，距離 25 で分類すると

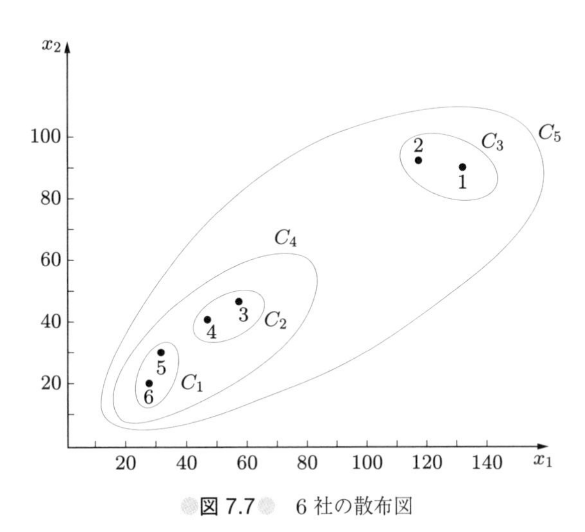

図 7.7　6 社の散布図

$$G_1 = \{5, 6, 3, 4\} = C_4, \quad G_2 = \{1, 2\} = C_3$$

の二つのグループに分類されます.

一方, 表 7.8 で与えられている 6 社のデータを平面上に表現すると, 図 7.7 のようになり, 同様の分類の様子が見て取れます. ■

7.2 クラスター分析を別の距離で行う

前節では, ユークリッド距離を用いてクラスター分析を実行してきましたが, ユークリッド距離のほかに有名な距離として, マンハッタン・ノルムと最大ノルムがあります. 本節では, この二つの距離を用いてクラスター分析を行います.

7.2.1 マンハッタン・ノルム

ユークリッド距離は平面上の 2 点 $\boldsymbol{x}_i = (x_{1i}, x_{2i})$, $\boldsymbol{x}_j = (x_{1j}, x_{2j})$ を結ぶ線分の長さで与えられていました. 一方, 都市マンハッタンは道が基盤のように通っているので, 人が図 7.8 の点 A から点 B に歩いて行こうと思うと, 最短のルートは, 点 A から点 C に行き, つぎに点 C から点 B に行くルートになります. よって, $\boldsymbol{x}_i$ と $\boldsymbol{x}_j$ の 2 点間を歩く距離は

$$m(\boldsymbol{x}_i, \boldsymbol{x}_j) = |x_{1i} - x_{1j}| + |x_{2i} - x_{2j}| \tag{7.3}$$

で与えられます. 式 (7.3) をマンハッタン・ノルムといいます.

このマンハッタン・ノルムを用いて, 次の例題でクラスター分析を実行しましょう. なお, 二つのクラスター C_1 と C_2 の距離を

$$m(C_1, C_2) = \min_{\boldsymbol{x} \in C_1, \boldsymbol{y} \in C_2} m(\boldsymbol{x}, \boldsymbol{y}) \tag{7.4}$$

と与えます. すなわち, 最短距離法です. 距離が異なるだけで, 基本的な分析手順は

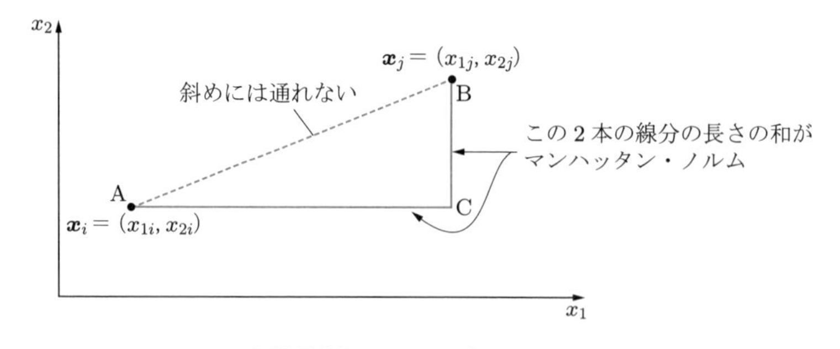

図 7.8 マンハッタン・ノルム

前節と同様です.

例題 7.2 表 7.14 のデータにマンハッタン・ノルムを用いたクラスター分析を適用し, デンドログラムを描け.

表 7.14 産業別就業者数 [2]

i	1	2	3	4	5	6	7
地域	北海道	埼玉	東京	京都	兵庫	奈良	熊本
農業・林業	139	58	23	24	44	15	75
宿泊業・飲食サービス業	146	178	334	79	134	31	46

(単位:1000 人)

解答 マンハッタン・ノルム (7.3) を用いて表 7.14 の対象地域間の距離を計算すると, 表 7.15 が得られます. たとえば, 地域 1 と 2 のデータ $\boldsymbol{x}_1 = (139, 146), \boldsymbol{x}_2 = (58, 178)$ に対して, この地域間のマンハッタン・ノルムは

$$m(\boldsymbol{x}_1, \boldsymbol{x}_2) = |139 - 58| + |146 - 178| = 113$$

となります. 以後, 簡単のため, $m(\boldsymbol{x}_i, \boldsymbol{x}_j) = m(i, j)$ と表現します.

表 7.15 の最小値は, $m(4, 6) = 57$ であるので, 最初のクラスターを $C_1 = \{4, 6\} = C_1(4, 6)$ と表現します.

表 7.15 地域間のマンハッタン・ノルム (1)

	1	2	3	4	5	6
1						
2	113					
3	304	191				
4	182	133	256			
5	107	58	221	75		
6	239	190	311	(57)	132	
7	164	149	340	84	119	75

表 7.16 地域間のマンハッタン・ノルム (2)

	1	2	3	5	7
1					
2	113				
3	304	191			
5	107	(58)	221		
7	164	149	340	119	
$C_1(4,6)$	182	133	256	75	75

表 7.17 地域間のマンハッタン・ノルム (3)

	1	3	7	C_2
1				
3	304			
7	164	340		
$C_2(2,5)$	107	191	119	
$C_1(4,6)$	182	256	(75)	75

表 7.18 地域間のマンハッタン・ノルム (4)

	1	3	C_3
1			
3	304		
$C_3(4,6,7)$	164	256	
$C_2(2,5)$	107	191	(75)

同様に，表 7.16 から $C_2(2,5)$ が，表 7.17 から $C_3(4,6,7)$ が，表 7.18 から $C_4(2,4,5,6,7)$ が，表 7.19 から $C_5(1,2,4,5,6,7)$ が順に得られ，表 7.20 となります．なお，表 7.17 では最小値が二つありますが，どちらを採用してもデンドログラムの形は同じです．

最後に，地域 3 をクラスター C_5 に統合して，クラスター $C_6 = \{1,2,3,4,5,6,7\}$ を形成してクラスター分析は終了します．以上の計算過程からデンドログラムを描くと，図 7.9 のようになります．

表 7.19　地域間のマンハッタン・ノルム (5)

	1	3
1		
3	304	
$C_4(2,4,5,6,7)$	(107)	191

表 7.20　地域間のマンハッタン・ノルム (6)

	3
3	
$C_5(1,2,4,5,6,7)$	(191)

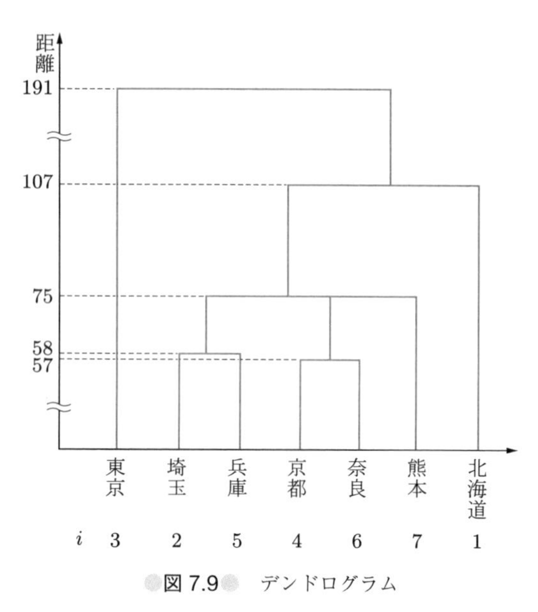

図 7.9　デンドログラム

■

7.2.2 最大ノルム

つぎに，最大ノルムを使ったクラスター分析を紹介します．2 点 $\boldsymbol{x}_i = (x_{1i}, x_{2i})$ と $\boldsymbol{x}_j = (x_{1j}, x_{2j})$ の最大ノルムは

$$d_\infty(\boldsymbol{x}_i, \boldsymbol{x}_j) = \max\{|x_{1i} - x_{1j}|, |x_{2i} - x_{2j}|\} \tag{7.5}$$

で与えられます．すなわち，x_1 方向の距離と x_2 方向の距離のうち大きいほうです．

ここまでに出てきた三つの距離 $d(\boldsymbol{x}_i, \boldsymbol{x}_j), m(\boldsymbol{x}_i, \boldsymbol{x}_j)$ と $d_\infty(\boldsymbol{x}_i, \boldsymbol{x}_j)$ を平面上に表現すると，図 7.10 のようになります．

では，最大ノルムを用いてクラスター分析を実行しましょう．二つのクラスター C_1 と C_2 の距離は

$$d_\infty(C_1, C_2) = \min_{\boldsymbol{x} \in C_1, \boldsymbol{y} \in C_2} d_\infty(\boldsymbol{x}, \boldsymbol{y}) \tag{7.6}$$

で与えられます．すなわち，最短距離法です．

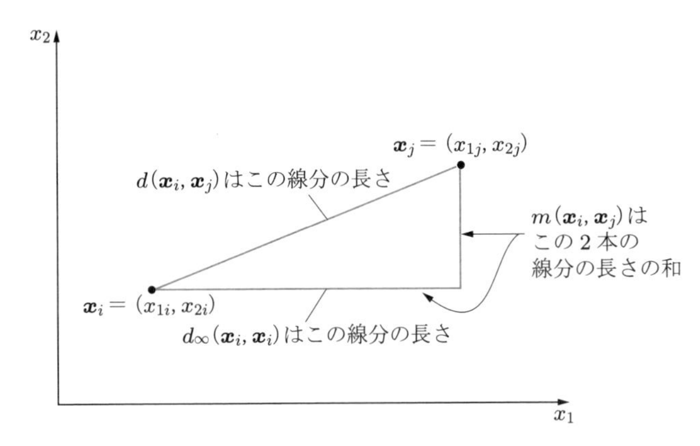

図 7.10　距離の関係図

例題 7.3　表 7.14 のデータに最大ノルムを用いたクラスター分析を適用し，デンドログラムを描け．

解答　基本的手順は基本問題らと同様です．最大ノルム (7.5) を用いて，表 7.14 の対象地域間の距離を計算すると，表 7.21 が得られます．たとえば，$\boldsymbol{x}_1 = (139, 146), \boldsymbol{x}_2 = (58, 178)$ に対する最大ノルムは

$$d_\infty(\boldsymbol{x}_1, \boldsymbol{x}_2) = \max\{|139 - 58|, |146 - 178|\} = 81$$

表 7.21　地域間の最大ノルム (1)

	1	2	3	4	5	6
1						
2	81					
3	188	156				
4	115	99	255			
5	95	(44)	200	55		
6	124	147	303	48	103	
7	100	132	288	51	88	60

表 7.22　地域間の最大ノルム (2)

	1	3	4	6	7
1					
3	188				
4	115	255			
6	124	303	(48)		
7	100	288	51	60	
$C_1(2,5)$	81	156	55	103	88

表 7.23 地域間の最大ノルム (3)

	1	3	7	C_2
1				
3	188			
7	100	288		
$C_2(4,6)$	115	255	(51)	
$C_1(2,5)$	81	156	88	55

表 7.24 地域間の最大ノルム (4)

	1	3	C_3
1			
3	188		
$C_3(4,6,7)$	100	255	
$C_1(2,5)$	81	156	(55)

表 7.25 地域間の最大ノルム (5)

	1	3
1		
3	188	
$C_4(2,4,5,6,7)$	(81)	156

表 7.26 地域間の最大ノルム (6)

	3
3	
$C_5(1,2,4,5,6,7)$	(156)

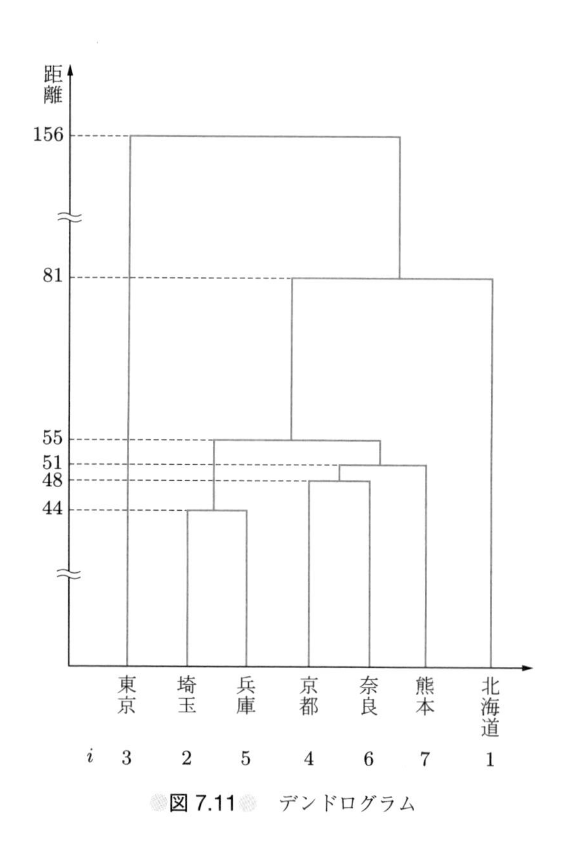

図 7.11 デンドログラム

となります．以後，簡単のため，$d_\infty(\boldsymbol{x}_i, \boldsymbol{x}_j) = d_\infty(i, j)$ と表現します．

表 7.21 の最小値は，$d_\infty(2,5) = 44$ であるので，クラスター 1 を $C_1 = \{2,5\} = C_1(2,5)$ と表現します．よって距離 (7.6) を用いてクラスター C_1 と対象地域間の距離を計算すると，表 7.22 が得られます．

同様に，表 7.22 から $C_2(4,6)$ が，表 7.23 から $C_3(4,6,7)$ が，表 7.24 から $C_4(2,4,5,6,7)$ が，表 7.25 から $C_5(1,2,4,5,6,7)$ が順に得られ，表 7.26 となります．

最後に，地域 3 をクラスター C_5 に統合して，クラスター $C_6 = \{1,2,3,4,5,6,7\}$ を形成してクラスター分析を終了します．以上の計算過程からデンドログラムを描くと，図 7.11 のようになります． ■

マンハッタン・ノルムでのデンドログラム（図 7.9）と最大ノルムでのデンドログラム（図 7.11）は形が違うので，マンハッタン・ノルム下でのクラスター分析の結果と最大ノルム下でのクラスター分析の結果は違ってきます．よって，現実の問題にクラスター分析を適用するときには，用いる距離をどれにするかも重要です．本章では，基本的な距離としてユークリッド距離，マンハッタン・ノルムと最大ノルムを用いましたが，これ以外にも多くの距離が存在するので，そちらも含めて検討してもよいでしょう．

演習問題 7章

7.1 表 7.27 で与えられる建設会社 5 社の年間売上高 (x_1) と従業員数 (x_2) のデータにクラスター分析を適用し，デンドログラムを描け．用いる距離はユークリッド距離とする．

表 7.27 建設会社のデータ

会社	年間売上高 (x_1)（単位：100 億円）	従業員数 (x_2)（単位：100 人）
1	145	79
2	140	110
3	130	92
4	115	95
5	105	78

7.2 基本問題の表 7.1 のデータに対して以下の問いに答えよ．

(1) マンハッタン・ノルムを用いたクラスター分析を適用し，デンドログラムを描け．

(2) 最大ノルムを用いたクラスター分析を適用し，(1) の結果と比較せよ．

8章

主成分分析——データを要約する

多変量データに対して，これらの変数から新しい数個の合成変数（これを主成分といいます）を生成し，この数個の主成分でデータの動向を解釈するのが主成分分析です．

本章の理論の説明に使う線形代数の知識は，必要に応じて3章を参照してください．

8.1 はじめに

都道府県庁所在市等 25 市における，主食である米，副食である牛肉，補助食品であるヨーグルトへの 1 世帯あたりの年間の支出額のデータを，主成分分析を用いて分析してみましょう．

基本問題 表 8.1 の都道府県庁所在市等 25 市の 1 世帯あたりの年間の米（変数 x_1），牛肉（変数 x_2）とヨーグルト（変数 x_3）への支出額のデータから主成分を求めよ．また，その主成分の説明力を検証せよ．さらに，主成分の解釈を検討せよ．

表 8.1 1 世帯あたりの年間の品目別支出額 [3]

i	1	2	3	4	5	6	7
都市	札幌市	青森市	盛岡市	仙台市	秋田市	さいたま市	千葉市
米 (x_1)	240	169	156	149	174	157	135
牛肉 (x_2)	72	117	69	80	117	105	126
ヨーグルト (x_3)	82	105	111	101	106	134	101

i	8	9	10	11	12	13	14	15	16
都市	東京都区部	横浜市	川崎市	大津市	京都市	大阪市	神戸市	奈良市	松江市
米 (x_1)	156	200	153	174	189	165	120	197	150
牛肉 (x_2)	174	176	129	244	295	221	179	311	145
ヨーグルト (x_3)	116	129	94	102	95	101	76	130	104

i	17	18	19	20	21	22	23	24	25
都市	岡山市	広島市	山口市	徳島市	福岡市	長崎市	熊本市	大分市	鹿児島市
米 (x_1)	134	156	124	170	146	185	258	169	224
牛肉 (x_2)	171	207	145	252	208	150	186	251	220
ヨーグルト (x_3)	106	101	88	110	91	80	80	93	114

（単位：100 円）

〈解説〉 多変数 $x_1, x_2, x_3, \ldots$ で与えられるデータがあるとします．データの情報をなるべく損なわずに，このデータを数個の変数で解析するのが主成分分析です．変数が数個になれば，データの動向を直感的にとらえることができ，解釈もしやすくなります．

そのようにして得られた数個の変数を主成分といい，主成分はもとの変数の線形結合で与えられます．たとえば，表 8.1 の 3 変数で与えられたデータの場合，主成分は $z = a_1x_1 + a_2x_2 + a_3x_3$ の形で表現されます．

主成分 z の係数 a_1, a_2, a_3 は，相関係数行列の固有ベクトルから求めることができます．このことから，主成分分析は相関係数行列に対する固有値問題といわれています．

〈分析の流れ〉

Step1 与えられたデータから相関係数行列 R を求め，R の固有値と固有ベクトルを求めます．

Step2 固有ベクトルより，主成分 z を求めます．

Step3 固有値より，主成分の寄与率および累積寄与率を求めて，主成分によってもとのデータの情報のうちどのくらいを説明できているかを評価します．

Step4 累積寄与率が 80%以上または固有値が 1 以上を基準として，主成分を選択します．

Step5 主成分 z とデータを与えている変数 x との相関係数 r_{zx} を求めて，主成分の意味を理解します．この相関係数 r_{zx} を因子負荷量といいます．

Step6 主成分得点を求め，それを散布図に表すなどして，主成分の解釈を行います．

この流れを実行するために必要となる公式を下記に示します．これら公式の導出については，次節以降で解説します．

〈主成分分析の公式〉

① 変数 x_1, x_2, x_3 の平均 $\overline{x}_1, \overline{x}_2, \overline{x}_3$ と標準偏差 $s_{x_1}, s_{x_2}, s_{x_3}$ を求め，x_1, x_2, x_3 を標準化した変数を

$$u_1 = \frac{x_1 - \overline{x}_1}{s_{x_1}}, \quad u_2 = \frac{x_2 - \overline{x}_2}{s_{x_2}}, \quad u_3 = \frac{x_3 - \overline{x}_3}{s_{x_3}}$$

とおきます．

② 相関係数行列 R を，相関係数を要素とする以下の行列とします．

$$R = \begin{pmatrix} 1 & r_{x_1x_2} & r_{x_1x_3} \\ r_{x_1x_2} & 1 & r_{x_2x_3} \\ r_{x_1x_3} & r_{x_2x_3} & 1 \end{pmatrix}$$

③ 相関係数行列 R の固有値を大きい順に $\lambda_1, \lambda_2, \lambda_3$ とします．第1主成分 z_1 は，最大固有値（主固有値といいます）λ_1 に対応する，要素の2乗和が1の固有ベクトル（主固有ベクトルといいます）$\boldsymbol{a} = (a_1, a_2, a_3)^T$ を用いて

$$z_1 = a_1 u_1 + a_2 u_2 + a_3 u_3$$

で与えられます．第2主成分 z_2 は，2番目に大きい固有値 λ_2 に対応する，要素の2乗和が1の固有ベクトル $\boldsymbol{b} = (b_1, b_2, b_3)^T$ を用いて

$$z_2 = b_1 u_1 + b_2 u_2 + b_3 u_3$$

で与えられます．さらに，第3主成分 z_3 は，固有値 λ_3 に対応する，要素の2乗和が1の固有ベクトル $\boldsymbol{c} = (c_1, c_2, c_3)^T$ を用いて

$$z_3 = c_1 u_1 + c_2 u_2 + c_3 u_3$$

で与えられます．

④ 主成分 z_1, z_2, z_3 の寄与率は，

$$z_1 \text{ の寄与率} = \frac{\lambda_1}{\lambda_1 + \lambda_2 + \lambda_3} = \frac{\lambda_1}{3}$$
$$z_2 \text{ の寄与率} = \frac{\lambda_2}{\lambda_1 + \lambda_2 + \lambda_3} = \frac{\lambda_2}{3}$$
$$z_3 \text{ の寄与率} = \frac{\lambda_3}{\lambda_1 + \lambda_2 + \lambda_3} = \frac{\lambda_3}{3}$$

で与えられます．また，累積寄与率は，

$$z_1 \text{ までの累積寄与率} = \frac{\lambda_1}{3}$$
$$z_2 \text{ までの累積寄与率} = \frac{\lambda_1 + \lambda_2}{3}$$
$$z_3 \text{ までの累積寄与率} = \frac{\lambda_1 + \lambda_2 + \lambda_3}{3} = 1$$

で与えられます．

⑤ 主成分 z_1, z_2, z_3 と変数 x_1, x_2, x_3 の相関係数は，

$$r_{z_1 x_1} = \sqrt{\lambda_1} a_1, \quad r_{z_1 x_2} = \sqrt{\lambda_1} a_2, \quad r_{z_1 x_3} = \sqrt{\lambda_1} a_3$$
$$r_{z_2 x_1} = \sqrt{\lambda_2} b_1, \quad r_{z_2 x_2} = \sqrt{\lambda_2} b_2, \quad r_{z_2 x_3} = \sqrt{\lambda_2} b_3$$
$$r_{z_3 x_1} = \sqrt{\lambda_3} c_1, \quad r_{z_3 x_2} = \sqrt{\lambda_3} c_2, \quad r_{z_3 x_3} = \sqrt{\lambda_3} c_3$$

で与えられ，因子負荷量とよばれています．

〈基本問題の解答〉

分析の流れを実行するにあたり，まず，データから相関係数行列を求めるための補助表 8.2 を作成します．

表 8.2 補助表

i	x_{1i}	x_{2i}	x_{3i}	$x_{1i}-\bar{x}_1$	$x_{2i}-\bar{x}_2$	$x_{3i}-\bar{x}_3$	$(x_{1i}-\bar{x}_1)^2$	$(x_{2i}-\bar{x}_2)^2$	$(x_{3i}-\bar{x}_3)^2$	$(x_{1i}-\bar{x}_1)\times(x_{2i}-\bar{x}_2)$	$(x_{1i}-\bar{x}_1)\times(x_{3i}-\bar{x}_3)$	$(x_{2i}-\bar{x}_2)\times(x_{3i}-\bar{x}_3)$
1	240	72	82	70	−102	−20	4900	10404	400	−7140	−1400	2040
2	169	117	105	−1	−57	3	1	3249	9	57	−3	−171
3	156	69	111	−14	−105	9	196	11025	81	1470	−126	−945
4	149	80	101	−21	−94	−1	441	8836	1	1974	21	94
5	174	117	106	4	−57	4	16	3249	16	−228	16	−228
6	157	105	134	−13	−69	32	169	4761	1024	897	−416	−2208
7	135	126	101	−35	−48	−1	1225	2304	1	1680	35	48
8	156	174	116	−14	0	14	196	0	196	0	−196	0
9	200	176	129	30	2	27	900	4	729	60	810	54
10	153	129	94	−17	−45	−8	289	2025	64	765	136	360
11	174	244	102	4	70	0	16	4900	0	280	0	0
12	189	295	95	19	121	−7	361	14641	49	2299	−133	−847
13	165	221	101	−5	47	−1	25	2209	1	−235	5	−47
14	120	179	76	−50	5	−26	2500	25	676	−250	1300	−130
15	197	311	130	27	137	28	729	18769	784	3699	756	3836
16	150	145	104	−20	−29	2	400	841	4	580	−40	−58
17	134	171	106	−36	−3	4	1296	9	16	108	−144	−12
18	156	207	101	−14	33	−1	196	1089	1	−462	14	−33
19	124	145	88	−46	−29	−14	2116	841	196	1334	644	406
20	170	252	110	0	78	8	0	6084	64	0	0	624
21	146	208	91	−24	34	−11	576	1156	121	−816	264	−374
22	185	150	80	15	−24	−22	225	576	484	−360	−330	528
23	258	186	80	88	12	−22	7744	144	484	1056	−1936	−264
24	169	251	93	−1	77	−9	1	5929	81	−77	9	−693
25	224	220	114	54	46	12	2916	2116	144	2484	648	552
計	4250	4350	2550	0	0	0	27434	105186	5626	9175	−66	2532

$\bar{x}_3 = 102$

$\bar{x}_2 = 174$

$\bar{x}_1 = 170$

Step1 補助表より

$$r_{x_1x_2} = \frac{9175}{\sqrt{27434 \times 105186}} = 0.171$$

$$r_{x_1x_3} = \frac{-66}{\sqrt{27434 \times 5626}} = -0.005 \doteq 0$$

$$r_{x_2x_3} = \frac{2532}{\sqrt{105186 \times 5626}} = 0.104$$

であるので，相関係数行列は

$$R = \begin{pmatrix} 1 & 0.171 & 0 \\ 0.171 & 1 & 0.104 \\ 0 & 0.104 & 1 \end{pmatrix}$$

です．

主成分は，変数 x_1, x_2, x_3 を標準化した変数 u_1, u_2, u_3 の線形結合で表現するので，変数 x_1, x_2, x_3 の標準偏差を求めます．x_1, x_2, x_3 の標準偏差は

$$s_{x_1} = \sqrt{\frac{S_{11}}{n-1}} = \sqrt{\frac{27434}{24}} = 33.8$$

$$s_{x_2} = \sqrt{\frac{S_{22}}{n-1}} = \sqrt{\frac{105186}{24}} = 66.2$$

$$s_{x_3} = \sqrt{\frac{S_{33}}{n-1}} = \sqrt{\frac{5626}{24}} = 15.3$$

であるので，x_1, x_2, x_3 を標準化すると，

$$u_1 = \frac{x_1 - 170}{33.8}, \quad u_2 = \frac{x_2 - 174}{66.2}, \quad u_3 = \frac{x_3 - 102}{15.3}$$

となります．

$\alpha = r_{x_1 x_2} = 0.171, \beta = r_{x_2 x_3} = 0.104$ とおくと

$$\gamma = \sqrt{\alpha^2 + \beta^2} = 0.200$$

となります．R の固有値を求めるための固有方程式は

$$|R - \lambda I| = \begin{vmatrix} 1-\lambda & \alpha & 0 \\ \alpha & 1-\lambda & \beta \\ 0 & \beta & 1-\lambda \end{vmatrix} = (1-\lambda)^3 - (\alpha^2 + \beta^2)(1-\lambda)$$

$$= (1-\lambda)\{(1-\lambda)^2 - \gamma^2\} = 0$$

であるので，固有値は大きい順に

$$\lambda_1 = 1 + \gamma, \quad \lambda_2 = 1, \quad \lambda_3 = 1 - \gamma$$

です．

Step2 第1主成分 z_1 は，$\lambda_1 = 1 + \gamma$ に対応する，要素の2乗和が1の固有ベクトル $\boldsymbol{a} = (a_1, a_2, a_3)^T$ を用いて，

$$z_1 = a_1 u_1 + a_2 u_2 + a_3 u_3$$

で求められます．固有ベクトル $\boldsymbol{a}$ は

$$\begin{pmatrix} 1 & \alpha & 0 \\ \alpha & 1 & \beta \\ 0 & \beta & 1 \end{pmatrix} \begin{pmatrix} a_1 \\ a_2 \\ a_3 \end{pmatrix} = (1+\gamma) \begin{pmatrix} a_1 \\ a_2 \\ a_3 \end{pmatrix}$$

をみたしています．上式の 1 本目と 3 本目

$$\begin{aligned} a_1 + \alpha a_2 \qquad &= (1+\gamma)a_1 \\ \beta a_2 + a_3 &= (1+\gamma)a_3 \end{aligned}$$

より，$a_1 = \dfrac{\alpha}{\gamma}a_2$, $a_3 = \dfrac{\beta}{\gamma}a_2$ となります．よって，

$$a_1 : a_2 : a_3 = \alpha : \gamma : \beta$$

であるので，

$$\sqrt{\alpha^2 + \gamma^2 + \beta^2} = \sqrt{2}\gamma$$

を用いて，

$$\boldsymbol{a} = \begin{pmatrix} \dfrac{\alpha}{\sqrt{2}\gamma} \\ \dfrac{1}{\sqrt{2}} \\ \dfrac{\beta}{\sqrt{2}\gamma} \end{pmatrix} = \begin{pmatrix} \dfrac{0.171}{1.414 \times 0.2} \\ \dfrac{1}{1.414} \\ \dfrac{0.104}{1.414 \times 0.2} \end{pmatrix} = \begin{pmatrix} 0.605 \\ 0.707 \\ 0.368 \end{pmatrix}$$

を得ます．ゆえに，第 1 主成分は標準化した変数を用いて

$$z_1 = 0.605u_1 + 0.707u_2 + 0.368u_3$$

となります．

第 2 主成分 z_2 は，2 番目に大きい固有値 $\lambda_2 = 1$ に対応する，要素の 2 乗和が 1 の固有ベクトル $\boldsymbol{b} = (b_1, b_2, b_3)$ を用いて，

$$z_2 = b_1u_1 + b_2u_2 + b_3u_3$$

で求められます．固有ベクトル $\boldsymbol{b}$ は

$$\begin{pmatrix} 1 & \alpha & 0 \\ \alpha & 1 & \beta \\ 0 & \beta & 1 \end{pmatrix} \begin{pmatrix} b_1 \\ b_2 \\ b_3 \end{pmatrix} = \begin{pmatrix} b_1 \\ b_2 \\ b_3 \end{pmatrix}$$

をみたしています．上式の 1 本目と 2 本目

$$\begin{aligned} b_1 + \alpha b_2 \qquad &= b_1 \\ \alpha b_1 + \ \ b_2 + \beta b_3 &= b_2 \end{aligned}$$

より，$b_2 = 0$, $\alpha b_1 + \beta b_3 = 0$ です．よって，

$$b_1 : b_2 : b_3 = \beta : 0 : -\alpha$$

となり，

$$\sqrt{\beta^2 + 0^2 + (-\alpha)^2} = \gamma$$

を用いて，

$$\boldsymbol{b} = \begin{pmatrix} \dfrac{\beta}{\gamma} \\ 0 \\ -\dfrac{\alpha}{\gamma} \end{pmatrix} = \begin{pmatrix} \dfrac{0.104}{0.2} \\ 0 \\ -\dfrac{0.171}{0.2} \end{pmatrix} = \begin{pmatrix} 0.520 \\ 0 \\ -0.855 \end{pmatrix}$$

が得られます．よって，第 2 主成分 z_2 は

$$z_2 = 0.520u_1 - 0.855u_3$$

となります．

Step3　主成分 z_1, z_2 の寄与率は

$$z_1 \text{ の寄与率} = \frac{\lambda_1}{\lambda_1 + \lambda_2 + \lambda_3}$$
$$z_2 \text{ の寄与率} = \frac{\lambda_2}{\lambda_1 + \lambda_2 + \lambda_3}$$

で与えられるので，

$$z_1 \text{ の寄与率} = \frac{1+\gamma}{3} = \frac{1.2}{3} = 0.4$$
$$z_2 \text{ の寄与率} = \frac{1}{3} = 0.333$$

です．ゆえに，z_1 と z_2 の累積寄与率は 0.733 です．すなわち，第 1 主成分と第 2 主成分で，もとのデータの情報のうち 73.3%を説明できます．

Step4　1 以上の固有値に対応する主成分 z_1 と z_2 を選択します．

Step5　第 1 主成分 z_1 は固有値 λ_1 の固有ベクトル $\boldsymbol{a} = (a_1, a_2, a_3)^T$ を用いて，

$$z_1 = a_1u_1 + a_2u_2 + a_3u_3$$

で求め，第 2 主成分 z_2 は固有値 λ_2 の固有ベクトル $\boldsymbol{b} = (b_1, b_2, b_3)^T$ を用いて

$$z_2 = b_1u_1 + b_2u_2 + b_3u_3$$

で求めました．このとき，因子負荷量は，

$$r_{z_1x_1} = \sqrt{\lambda_1}a_1, \quad r_{z_2x_1} = \sqrt{\lambda_2}b_1$$

$$r_{z_1x_2} = \sqrt{\lambda_1}a_2, \quad r_{z_2x_2} = \sqrt{\lambda_2}b_2$$
$$r_{z_1x_3} = \sqrt{\lambda_1}a_3, \quad r_{z_2x_2} = \sqrt{\lambda_2}b_3$$

で与えられるので，

$$r_{z_1x_1} = \sqrt{1.2} \times 0.605 = 0.663, \quad r_{z_1x_2} = \sqrt{1.2} \times 0.707 = 0.774$$
$$r_{z_1x_3} = \sqrt{1.2} \times 0.368 = 0.403$$
$$r_{z_2x_1} = 0.520, \quad r_{z_2x_2} = 0, \quad r_{z_2x_3} = -0.855$$

となります．

Step6 因子負荷量が得られたので，これをもとにデータの動向を分析しましょう．表 8.2 より，米 (x_1)，牛肉 (x_2)，ヨーグルト (x_3) の平均は

$$\overline{x}_1 = 170, \quad \overline{x}_2 = 174, \quad \overline{x}_3 = 102$$

であるので，

$$\overline{x}_1 : \overline{x}_2 : \overline{x}_3 = 1 : 1.024 : 0.600$$

となります．一方，因子負荷量 $r_{z_1,x_1}, r_{z_1,x_2}, r_{z_1,x_3}$ の比を計算すると，

$$\begin{aligned} r_{z_1,x_1} : r_{z_1,x_2} : r_{z_1,x_3} &= a_1 : a_2 : a_3 = 0.605 : 0.707 : 0.368 \\ &= 1 : 1.168 : 0.608 \end{aligned}$$

であり，主食（米），副食（牛肉），補助食品（ヨーグルト）の平均支出額の比とほぼ等しいので，第 1 主成分 z_1 は 1 世帯の総合的な食費を表現していると判断できます．

つぎに，因子負荷量 r_{z_2,x_1}, r_{z_2,x_3} の比を計算すると

$$r_{z_2,x_1} : r_{z_2,x_3} = b_1 : b_3 = 0.520 : -0.855 = 0.608 : -1$$

であり，また主食と補助食品の平均支出額の比は

$$\overline{x}_1 : \overline{x}_3 = 1 : 0.600$$

であるので，第 2 主成分 z_2 は主食と補助食品への支出の違いを同等に表現しています．第 2 主成分が正であれば，主食の米に多くの支出をする都市で，第 2 主成分が負であれば，補助食品のヨーグルトに比較的多くを支出する都市といえます．

つぎに，基本問題で扱った 25 市のうち，例として 10 市の主成分を計算してみましょう．

変数 x_1, x_2, x_3 の平均は

$$\overline{x}_1 = 170, \quad \overline{x}_2 = 174, \quad \overline{x}_3 = 102$$

であり，またそれらの変数の標準偏差は

$$s_{x_1} = 33.8, \quad s_{x_2} = 66.2, \quad s_{x_3} = 15.3$$

です．よって，標準化は

$$u_{1i} = \frac{x_{1i} - 170}{33.8}, \quad u_{2i} = \frac{x_{2i} - 174}{66.2}, \quad u_{3i} = \frac{x_{3i} - 102}{15.3}$$

となります．さらに，第 1 主成分 z_1，第 2 主成分 z_2 は，公式③より，

$$z_1 = 0.605u_1 + 0.707u_2 + 0.368u_3$$

$$z_2 = 0.520u_1 - 0.855u_3$$

です．

各データに対する主成分の値を**主成分得点**といいます．得られた主成分を使って全国 10 市の主成分得点を計算すると，表 8.3 が得られます．また，表 8.3 の主成分得点を図に表示したものが図 8.1 です．この図より，総合的に食事に多くを支出する都市は，奈良市と京都市であることがわかります．これより，関西地方では食事に多くを支出するということがいえるでしょう．また，主食の米に多くを支出する都市は，熊本と札幌であり，補助食品のヨーグルトに比較的多くを支出する都市は，さいたま市と奈良市です．米およびヨーグルトへの支出に関しては，とくに地域性はみられません．

表 8.3　全国 10 市の主成分得点

	品目別支出額			標準化した変数			主成分得点	
都市	米 (x_1)	牛肉 (x_2)	ヨーグルト (x_3)	u_1	u_2	u_3	z_1	z_2
札幌市	240	72	82	2.071	−1.541	−1.307	−0.318	2.194
仙台市	149	80	101	−0.621	−1.420	−0.065	−1.404	−0.267
さいたま市	157	105	134	−0.385	−1.042	2.092	−0.200	−1.989
東京都区部	156	174	116	−0.414	0	0.915	0.086	−0.998
川崎市	153	129	94	−0.503	−0.680	−0.523	−0.978	0.186
京都市	189	295	95	0.562	1.828	−0.458	1.464	0.684
神戸市	120	179	76	−1.479	0.076	−1.699	−1.466	0.684
奈良市	197	311	130	0.799	2.069	1.830	2.620	−1.149
山口市	124	145	88	−1.361	−0.438	−0.915	−1.470	0.075
熊本市	258	186	80	2.604	0.181	−1.438	1.174	2.584

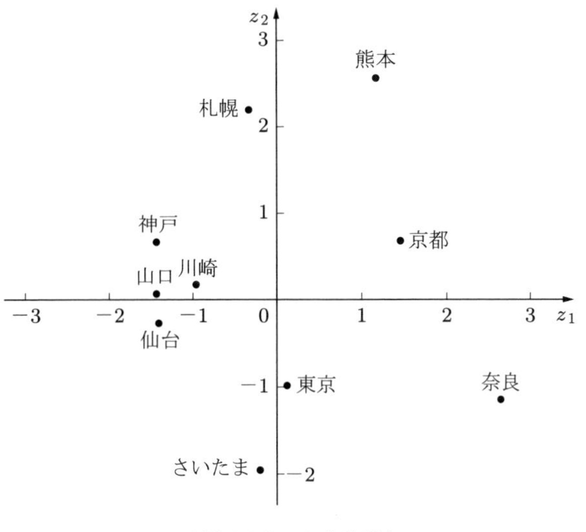

図 8.1 主成分得点

8.2 主成分の導出

基本問題を解くときに用いた，主成分分析の公式を理論的に解説します．

まず，主成分を考えます．主成分 z は，データを与えている変数 x_1, x_2, x_3 を標準化した変数 u_1, u_2, u_3 の線形結合，すなわち

$$z = \alpha u_1 + \beta u_2 + \gamma u_3$$

で与えられます．そして，係数 α, β, γ を求めるとき，変数 x_1, x_2, x_3 に対する相関係数行列の固有ベクトルが重要な役割を果たすので，まずこれらの準備を行います．

変数が x_1, x_2, x_3 で，データ数は n とします．すなわち，n 個のデータ (x_{11}, x_{21}, x_{31}), $(x_{12}, x_{22}, x_{32}), \ldots, (x_{1n}, x_{2n}, x_{3n})$ が与えられているとします．x_1, x_2, x_3 の平均は

$$\overline{x}_1 = \frac{1}{n}\sum_{i=1}^{n} x_{1i}, \quad \overline{x}_2 = \frac{1}{n}\sum_{i=1}^{n} x_{2i}, \quad \overline{x}_3 = \frac{1}{n}\sum_{i=1}^{n} x_{3i}$$

で求められます．標準偏差と相関係数を求めるために，平方和と積和の表現を

$$S_{11} = S_{x_1x_1} = \sum_{i=1}^{n}(x_{1i} - \overline{x}_1)^2$$

$$S_{22} = S_{x_2x_2} = \sum_{i=1}^{n}(x_{2i} - \overline{x}_2)^2$$

$$S_{33} = S_{x_3x_3} = \sum_{i=1}^{n}(x_{3i} - \overline{x}_3)^2$$

$$S_{12} = S_{x_1x_2} = \sum_{i=1}^{n}(x_{1i} - \overline{x}_1)(x_{2i} - \overline{x}_2)$$

$$S_{13} = S_{x_1x_3} = \sum_{i=1}^{n}(x_{1i} - \overline{x}_1)(x_{3i} - \overline{x}_3)$$

$$S_{23} = S_{x_2x_3} = \sum_{i=1}^{n}(x_{2i} - \overline{x}_2)(x_{3i} - \overline{x}_3)$$

とします．そして，各変数の標準偏差

$$s_1 = \sqrt{\frac{S_{11}}{n-1}}, \quad s_2 = \sqrt{\frac{S_{22}}{n-1}}, \quad s_3 = \sqrt{\frac{S_{33}}{n-1}}$$

を用いて，変数 x_{1i}, x_{2i}, x_{3i} を標準化して u_{1i}, u_{2i}, u_{3i} とします．

$$\begin{cases} u_{1i} = \dfrac{x_{1i} - \overline{x}_1}{s_1} \\ u_{2i} = \dfrac{x_{2i} - \overline{x}_2}{s_2} \\ u_{3i} = \dfrac{x_{3i} - \overline{x}_3}{s_3} \end{cases} \tag{8.1}$$

よって，変数 u_{1i}, u_{2i}, u_{3i} は平均が 0 で，分散は 1 となります．また，

$$\sum_{i=1}^{n} u_{1i}^2 = \sum_{i=1}^{n} u_{2i}^2 = \sum_{i=1}^{n} u_{3i}^2 = n-1 \tag{8.2}$$

であり，相関係数 $r_{x_1x_2}, r_{x_1x_3}, r_{x_2x_3}$ を用いると

$$\begin{cases} \displaystyle\sum_{i=1}^{n} u_{1i}u_{2i} = (n-1)r_{x_1x_2} \\ \displaystyle\sum_{i=1}^{n} u_{1i}u_{3i} = (n-1)r_{x_1x_3} \\ \displaystyle\sum_{i=1}^{n} u_{2i}u_{3i} = (n-1)r_{x_2x_3} \end{cases} \tag{8.3}$$

も成立します．ここで，式 (8.2) は u_1 の分散

$$s_{u_1}^2 = \frac{1}{n-1}\sum_{i=1}^{n}(u_{1i} - \overline{u}_1)^2 = \frac{1}{n-1}\sum_{i=1}^{n} u_{1i}^2 = 1$$

より明らかです．また，式 (8.3) は

$$\sum_{i=1}^{n} u_{1i}u_{2i} = \sum_{i=1}^{n} \frac{(x_{1i}-\overline{x}_1)(x_{2i}-\overline{x}_2)}{s_1 s_2}$$
$$= \frac{\displaystyle\sum_{i=1}^{n}(x_{1i}-\overline{x}_1)(x_{2i}-\overline{x}_2)}{\displaystyle\frac{1}{n-1}\sqrt{\sum_{i=1}^{n}(x_{1i}-\overline{x}_1)^2\sum_{i=1}^{n}(x_{2i}-\overline{x}_2)^2}}$$
$$= (n-1)\frac{S_{12}}{\sqrt{S_{11}S_{22}}}$$

であることから，2 章の式 (2.5) より成立します．

$\overline{u}_1 = \overline{u}_2 = 0$ であるので，u_1 と u_2 の相関係数は

$$r_{u_1u_2} = \frac{\displaystyle\sum_{i=1}^{n} u_{1i}u_{2i}}{\sqrt{\displaystyle\sum_{i=1}^{n} u_{1i}^2 \sum_{i=1}^{n} u_{2i}^2}} = \frac{(n-1)r_{x_1x_2}}{\sqrt{(n-1)(n-1)}} = r_{x_1x_2}$$

となり，ほかも同様です．よって，u_1, u_2, u_3 の相関係数を要素とした相関係数行列は

$$R = \begin{pmatrix} r_{u_1u_1} & r_{u_1u_2} & r_{u_1u_3} \\ r_{u_1u_2} & r_{u_2u_2} & r_{u_2u_3} \\ r_{u_1u_3} & r_{u_2u_3} & r_{u_3u_3} \end{pmatrix} = \begin{pmatrix} 1 & r_{x_1x_2} & r_{x_1x_3} \\ r_{x_1x_2} & 1 & r_{x_2x_3} \\ r_{x_1x_3} & r_{x_2x_3} & 1 \end{pmatrix}$$

と表現できます．

これらの情報を用いて，つぎに第 1 主成分を求めましょう．

8.2.1 第 1 主成分の導出と固有ベクトル

3 変数のデータは，空間の点として表現されます．主成分分析は，このデータの情報をなるべく保ったまま少数個の主成分（ここでは 2 個の主成分です）に要約することです．いま，第 1 主成分 z_1，第 2 主成分 z_2 が求められたとし，z_1, z_2 を直交座標とする平面 π を考えます．データの近くを通る平面は無数に存在しますが，データのもつ情報を解釈するのに，平面 π を用いると，データの情報損失量が最小になっています．すなわち，与えられたデータから平面に下ろした垂線の長さの 2 乗和を考えると，主成分で決まる平面 π に下ろした場合に最小値となります．これが，データの要約に主成分 z_1, z_2 を用いるのが適している理由です．別の表現をすると，与えられたデータを平面に射影したときの影の長さの 2 乗和を考えると，平面 π に射影したときのも

のが最大値となっています．

それでは具体的に，第 1 主成分の表現形式とその導出方法について解説します．データ $\boldsymbol{u} = (u_1, u_2, u_3)^T$ を直線 z 上に射影すると，直線 z の単位方向ベクトル $\boldsymbol{a} = (a_1, a_2, a_3)^T, a_1^2 + a_2^2 + a_3^2 = 1$ を用いて，z 軸に下ろした垂線の足の目盛りは，ベクトル $\boldsymbol{a}$ と $\boldsymbol{u}$ の内積

$$z = a_1 u_1 + a_2 u_2 + a_3 u_3$$

で与えられます（図 8.2）．ここで，z^2 が最大になるように方向ベクトル $\boldsymbol{a}$ を決めると，射影による誤差（垂線の長さの 2 乗）が最小になります．一般に，データは確率変数で表現されるので，z の分散が最大になるように方向ベクトル $\boldsymbol{a}$ を決めれば，z がデータの情報を多くもつことが保証されます．つまり，情報損失量が少なくなります．

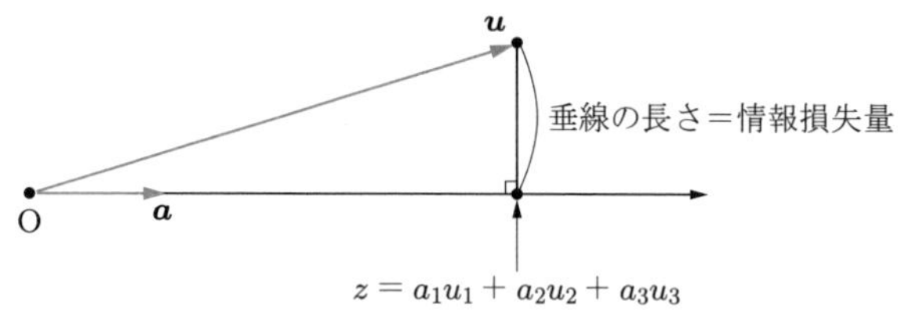

図 8.2　データの情報損失量

第 1 主成分 z_1 を，図 8.2 より

$$z_1 = a_1 u_1 + a_2 u_2 + a_3 u_3 \tag{8.4}$$

とおきます．このとき，条件

$$a_1^2 + a_2^2 + a_3^2 = 1 \tag{8.5}$$

のもとで，第 1 主成分 z_1 の分散を最大にする係数ベクトル $\boldsymbol{a} = (a_1, a_2, a_3)^T$ を求めれば，第 1 主成分 z_1 がデータの情報を多くもつことになります．

ところで，第 1 主成分 z_1 の分散は，式 (8.2), (8.3) より

$$\begin{aligned} s_{z_1}^2 &= \frac{1}{n-1}\sum_{i=1}^{n}(z_{1i} - \overline{z}_1)^2 = \frac{1}{n-1}\sum_{i=1}^{n} z_{1i}^2 \\ &= \frac{1}{n-1}\sum_{i=1}^{n}(a_1 u_{1i} + a_2 u_{2i} + a_3 u_{3i})^2 \\ &= \frac{1}{n-1}\left\{ a_1^2 \sum_{i=1}^{n} u_{1i}^2 + a_2^2 \sum_{i=1}^{n} u_{2i}^2 + a_3^2 \sum_{i=1}^{n} u_{3i}^2 \right. \end{aligned}$$

$$+ 2a_1a_2\sum_{i=1}^{n}u_{1i}u_{2i} + 2a_1a_3\sum_{i=1}^{n}u_{1i}u_{3i} + 2a_2a_3\sum_{i=1}^{n}u_{2i}u_{3i}\Bigg\}$$
$$= a_1^2 + a_2^2 + a_3^2 + 2a_1a_2r_{x_1x_2} + 2a_1a_3r_{x_1x_3} + 2a_2a_3r_{x_2x_3}$$

と表現されます．ゆえに，式 (8.5) で与えられる条件のもとで

$$s_{z_1}^2 = a_1^2 + a_2^2 + a_3^2 + 2a_1a_2r_{x_1x_2} + 2a_1a_3r_{x_1x_3} + 2a_2a_3r_{x_2x_3} \tag{8.6}$$

を最大にする a_1, a_2, a_3 が，第 1 主成分の係数です．それを求めるために，3 章で解説したラグランジュ未定乗数法を用います．ラグランジュ関数を

$$\begin{aligned} f(a_1, a_2, a_3, \lambda) &= a_1^2 + a_2^2 + a_3^2 + 2a_1a_2r_{x_1x_2} + 2a_1a_3r_{x_1x_3} + 2a_2a_3r_{x_2x_3} \\ &\quad - \lambda(a_1^2 + a_2^2 + a_3^2 - 1) \end{aligned} \tag{8.7}$$

とおくと，3 章の定理 3.2 より

$$\left\{\begin{aligned} \frac{\partial f}{\partial a_1} &= 2a_1 + 2a_2r_{x_1x_2} + 2a_3r_{x_1x_3} - 2\lambda a_1 = 0 \\ \frac{\partial f}{\partial a_2} &= 2a_2 + 2a_1r_{x_1x_2} + 2a_3r_{x_2x_3} - 2\lambda a_2 = 0 \\ \frac{\partial f}{\partial a_3} &= 2a_3 + 2a_1r_{x_1x_3} + 2a_2r_{x_2x_3} - 2\lambda a_3 = 0 \end{aligned}\right. \tag{8.8}$$

の解が，式 (8.6) を最大にする a_1, a_2, a_3 です．式 (8.8) を行列表示すると

$$\begin{pmatrix} 1 & r_{x_1x_2} & r_{x_1x_3} \\ r_{x_1x_2} & 1 & r_{x_2x_3} \\ r_{x_1x_3} & r_{x_2x_3} & 1 \end{pmatrix}\begin{pmatrix} a_1 \\ a_2 \\ a_3 \end{pmatrix} = \lambda\begin{pmatrix} a_1 \\ a_2 \\ a_3 \end{pmatrix} \tag{8.9}$$

であるので，相関係数行列 R と係数ベクトル $\boldsymbol{a}$ を用いれば，式 (8.9) は

$$R\boldsymbol{a} = \lambda\boldsymbol{a} \tag{8.10}$$

となります．ここで，$\boldsymbol{a}$ は $a_1^2 + a_2^2 + a_3^2 = 1$ をみたすものであるので，$\boldsymbol{a} \neq \boldsymbol{0}$ ですから，λ は R の固有値で $\boldsymbol{a}$ はその固有ベクトルです．

一方，式 (8.9) の両辺に左側から $\boldsymbol{a}^T = \begin{pmatrix} a_1 & a_2 & a_3 \end{pmatrix}$ を掛けると，左辺は

$$\begin{pmatrix} a_1 & a_2 & a_3 \end{pmatrix}\begin{pmatrix} 1 & r_{x_1x_2} & r_{x_1x_3} \\ r_{x_1x_2} & 1 & r_{x_2x_3} \\ r_{x_1x_3} & r_{x_2x_3} & 1 \end{pmatrix}\begin{pmatrix} a_1 \\ a_2 \\ a_3 \end{pmatrix}$$
$$= a_1^2 + a_2^2 + a_3^2 + 2a_1a_2r_{x_1x_2} + 2a_1a_3r_{x_1x_3} + 2a_2a_3r_{x_2x_3} = s_{z_1}^2$$

となり，右辺は $\lambda(a_1^2+a_2^2+a_3^2)=\lambda$ となるので，第 1 主成分の分散 $s_{z_1}^2$ は

$$s_{z_1}^2=\lambda \tag{8.11}$$

となります．

ゆえに，第 1 主成分 z_1 の分散 $s_{z_1}^2$ を最大化することは，「相関係数行列 R の最大固有値 λ_1 に対応する，要素の 2 乗和が 1 となる固有ベクトル $\boldsymbol{a}=(a_1,a_2,a_3)^T$ を求めれば，それが $s_{z_1}^2$ を最大にする係数ベクトル $\boldsymbol{a}$ であり，$s_{z_1}^2=\lambda_1$ となる」という手順で実行されることがわかります．

一般には，λ_1 は主固有とよばれ，それに対応する固有ベクトル $\boldsymbol{a}$ は主固有ベクトルとよばれています．

8.2.2 第 2 主成分の導出と固有ベクトル

基本問題では，第 1 主成分 z_1 の寄与率が 40%であるので，第 1 主成分 z_1 だけではデータの情報を十分説明できず，第 2 主成分 z_2

$$z_2=b_1u_1+b_2u_2+b_3u_3 \tag{8.12}$$

を考えました．

第 2 主成分 z_2 は，第 1 主成分 z_1 に含まれない情報を追加するために導入するので，z_1 とは無相関，つまり z_1 と z_2 の相関係数が $r_{z_1z_2}=0$ となるように係数ベクトル $\boldsymbol{b}$ を定めます．

相関係数 $r_{z_1z_2}$ の分子は

$$\begin{aligned}
&\sum_{i=1}^{n}(z_{1i}-\overline{z}_1)(z_{2i}-\overline{z}_2)\\
&\quad=\sum_{i=1}^{n}z_{1i}z_{2i}=\sum_{i=1}^{n}(a_1u_{1i}+a_2u_{2i}+a_3u_{3i})(b_1u_{1i}+b_2u_{2i}+b_3u_{3i})\\
&\quad=a_1b_1\sum_{i=1}^{n}u_{1i}^2+a_2b_2\sum_{i=1}^{n}u_{2i}^2+a_3b_3\sum_{i=1}^{n}u_{3i}^2\\
&\qquad+(a_1b_2+a_2b_1)\sum_{i=1}^{n}u_{1i}u_{2i}+(a_1b_3+a_3b_1)\sum_{i=1}^{n}u_{1i}u_{3i}\\
&\qquad+(a_2b_3+a_3b_2)\sum_{i=1}^{n}u_{2i}u_{3i}\\
&\quad=(n-1)\{a_1b_1+a_2b_2+a_3b_3+(a_1b_2+a_2b_1)r_{x_1x_2}\\
&\qquad+(a_1b_3+a_3b_1)r_{x_1x_3}+(a_2b_3+a_3b_2)r_{x_2x_3}\}
\end{aligned}$$

$$= (n-1)\boldsymbol{a}^T R\boldsymbol{b} = (n-1)(R\boldsymbol{a})^T\boldsymbol{b} = (n-1)\lambda_1\boldsymbol{a}^T\boldsymbol{b}$$

と表現できるので，$r_{z_1z_2} = 0$ は

$$\boldsymbol{a}^T R\boldsymbol{b} = 0 \tag{8.13}$$

または

$$\boldsymbol{a}^T\boldsymbol{b} = 0 \tag{8.14}$$

と同値です．また，第 2 主成分の分散 $s_{z_2}^2$ は式 (8.6) と同様にして，

$$\begin{aligned} s_{z_2}^2 &= \frac{1}{n-1}\sum_{i=1}^{n}(z_{2i} - \overline{z}_2)^2 = \frac{1}{n-1}\sum_{i=1}^{n} z_{2i}^2 \\ &= b_1^2 + b_2^2 + b_3^2 + 2b_1b_2r_{x_1x_2} + 2b_1b_3r_{x_1x_3} + 2b_2b_3r_{x_2x_3} \end{aligned}$$

と表現できます．ゆえに，第 2 主成分の係数ベクトル $\boldsymbol{b}$ は，$b_1^2 + b_2^2 + b_3^2 = 1$ および式 (8.13) または式 (8.14) の条件のもとで

$$s_{z_2}^2 = b_1^2 + b_2^2 + b_3^2 + 2b_1b_2r_{x_1x_2} + 2b_1b_3r_{x_1x_3} + 2b_2b_3r_{x_2x_3}$$

を最大にする b_1, b_2, b_3 で決定されます．よって，ラグランジュ未定乗数法を用いるために，ラグランジュ関数を

$$\begin{aligned} f(b_1, b_2, b_3, \lambda, \eta) &= b_1^2 + b_2^2 + b_3^2 + 2b_1b_2r_{x_1x_2} + 2b_1b_3r_{x_1x_3} + 2b_2b_3r_{x_2x_3} \\ &\quad - \lambda(b_1^2 + b_2^2 + b_3^2 - 1) - \eta(a_1b_1 + a_2b_2 + a_3b_3 - 0) \end{aligned}$$

とおくと，3 章の定理 3.2 より

$$\begin{cases} \dfrac{\partial f}{\partial b_1} = 2b_1 + 2b_2r_{x_1x_2} + 2b_3r_{x_1x_3} - 2\lambda b_1 - \eta a_1 = 0 \\ \dfrac{\partial f}{\partial b_2} = 2b_2 + 2b_1r_{x_1x_2} + 2b_3r_{x_2x_3} - 2\lambda b_2 - \eta a_2 = 0 \\ \dfrac{\partial f}{\partial b_3} = 2b_3 + 2b_1r_{x_1x_3} + 2b_2r_{x_2x_3} - 2\lambda b_3 - \eta a_3 = 0 \end{cases} \tag{8.15}$$

が得られます．これを行列表示すると

$$\begin{pmatrix} 1 & r_{x_1x_2} & r_{x_1x_3} \\ r_{x_1x_2} & 1 & r_{x_2x_3} \\ r_{x_1x_3} & r_{x_2x_3} & 1 \end{pmatrix}\begin{pmatrix} b_1 \\ b_2 \\ b_3 \end{pmatrix} = \lambda\begin{pmatrix} b_1 \\ b_2 \\ b_3 \end{pmatrix} + \frac{\eta}{2}\begin{pmatrix} a_1 \\ a_2 \\ a_3 \end{pmatrix} \tag{8.16}$$

であり，また相関係数行列 R を用いると

$$R\boldsymbol{b} = \lambda\boldsymbol{b} + \frac{\eta}{2}\boldsymbol{a} \tag{8.17}$$

となります．式 (8.17) の両辺に左側から $\boldsymbol{a}^T$ を掛けると，

$$\boldsymbol{a}^T R\boldsymbol{b} = \lambda\boldsymbol{a}^T\boldsymbol{b} + \frac{\eta}{2}\boldsymbol{a}^T\boldsymbol{a}$$

ですが，$\boldsymbol{a}^T\boldsymbol{a} = 1$ であるので，式 (8.13), (8.14) より $\eta = 0$ を得ます．よって，z_1 と z_2 が無相関であることから，式 (8.17) は

$$R\boldsymbol{b} = \lambda\boldsymbol{b} \tag{8.18}$$

となります．

式 (8.18) より，z_2 を z_1 に無相関であるように導出すると，係数ベクトル $\boldsymbol{b}$ も相関係数行列 R の固有ベクトルとなります．また，第 1 主成分のときと同様にして，第 2 主成分の分散 $s_{z_2}^2$ は式 (8.18) の固有値 λ で与えられます．$s_{z_2}^2$ を最大化するので，最大固有値 λ_1 に対応する固有ベクトルを用いたいのですが，これでは式 (8.14) をみたさないので，相関係数行列 R の 2 番目に大きい固有値 λ_2（これを第 2 固有値とよびます）に対応する，要素の 2 乗和が 1 の固有ベクトル $\boldsymbol{b}$ を用いて，第 2 主成分を構成します．一般に，「対称行列の固有値はすべて実数であり，異なる固有値に対応する固有ベクトルの内積 ($\boldsymbol{a}^T\boldsymbol{b}$) は 0 である」が成立しているので，$\lambda_2$ の固有ベクトル $\boldsymbol{b}$ は式 (8.14) をみたしています．

なお，第 1 主成分 z_1 と第 2 主成分 z_2 を用いてもデータの情報を十分説明できないときは，第 3 主成分 z_3

$$z_3 = c_1u_1 + c_2u_2 + c_3u_3 \tag{8.19}$$

を考えます．z_1, z_2 の導出過程からわかるように，第 3 主成分 z_3 の係数ベクトル $\boldsymbol{c}$ は，相関係数行列 R の 3 番目に大きい固有値 λ_3（これを第 3 固有値といいます）に対応する，要素の 2 乗和が 1 の固有ベクトルとします．

以上より，相関係数行列 R の固有方程式

$$|R - \lambda I| = 0$$

を解き，主固有値 λ_1，第 2 固有値 λ_2，第 3 固有値 λ_3 に対応する，要素の 2 乗和が 1 の固有ベクトル $\boldsymbol{a} = (a_1, a_2, a_3)^T, \boldsymbol{b} = (b_1, b_2, b_3)^T, \boldsymbol{c} = (c_1, c_2, c_3)^T$ を求めることで，第 1 主成分 z_1，第 2 主成分 z_2，第 3 主成分 z_3 が

$$z_1 = a_1u_1 + a_2u_2 + a_3u_3$$

$$z_2 = b_1u_1 + b_2u_2 + b_3u_3$$

$$z_3 = c_1 u_1 + c_2 u_2 + c_3 u_3$$

で得られます．そして，第 1 主成分，第 2 主成分，第 3 主成分の分散 $s_{z_1}^2, s_{z_2}^2, s_{z_3}^2$ は

$$s_{z_1}^2 = \lambda_1, \quad s_{z_2}^2 = \lambda_2, \quad s_{z_3}^2 = \lambda_3$$

となります．

8.2.3 寄与率と固有値

相関係数行列は

$$R = \begin{pmatrix} 1 & r_{x_1x_2} & r_{x_1x_3} \\ r_{x_1x_2} & 1 & r_{x_2x_3} \\ r_{x_1x_3} & r_{x_2x_3} & 1 \end{pmatrix}$$

です．一般に，R の固有値 $(\lambda_1, \lambda_2, \lambda_3)$ の和は，行列 R の対角要素の和（これを R のトレースといい，$\mathrm{tr}R$ と書きます）であるので，$\lambda_1 + \lambda_2 + \lambda_3 = 3$ を得ます．8.2.1 項で述べたように，主成分分析は，主成分がデータの情報をできるだけ多くもつように主成分の分散の最大化を考えます．第 1 主成分，第 2 主成分，第 3 主成分の分散は，$s_{z_1}^2 = \lambda_1, s_{z_2}^2 = \lambda_2, s_{z_3}^2 = \lambda_3$ であるので，寄与率は

$$\text{第 1 主成分の寄与率} = \frac{\lambda_1}{\lambda_1 + \lambda_2 + \lambda_3} = \frac{\lambda_1}{3}$$
$$\text{第 2 主成分の寄与率} = \frac{\lambda_2}{\lambda_1 + \lambda_2 + \lambda_3} = \frac{\lambda_2}{3}$$
$$\text{第 3 主成分の寄与率} = \frac{\lambda_3}{\lambda_1 + \lambda_2 + \lambda_3} = \frac{\lambda_3}{3}$$

で与えられます．また，累積寄与率は

$$\text{第 1 主成分までの累積寄与率} = \frac{\lambda_1}{3}$$
$$\text{第 2 主成分までの累積寄与率} = \frac{\lambda_1 + \lambda_2}{3}$$
$$\text{第 3 主成分までの累積寄与率} = \frac{\lambda_1 + \lambda_2 + \lambda_3}{3} = 1$$

で与えられます．

一般論として，主成分の選択の基準として

① 固有値が 1 以上

② 累積寄与率が 80%以上

のどちらかが用いられます．つまり，1 以上の固有値が大きい順に $\lambda_1, \lambda_2, \ldots, \lambda_k$ であれ

ば，これに対応して主成分 $z_1, z_2, \ldots, z_k$ まで求めるか，または相関係数行列が $n \times n$ の行列で，その固有値を大きい順に $\lambda_1, \lambda_2, \ldots, \lambda_n$ としたとき，$\dfrac{\lambda_1 + \lambda_2 + \cdots + \lambda_h}{n} \geqq 0.8$ をみたす固有値 $\lambda_1, \lambda_2, \ldots, \lambda_h$ に対応して，主成分 $z_1, z_2, \ldots, z_h$ を求めます．

8.2.4 因子負荷量と主成分の解釈

求めた主成分の意味を理解するために，主成分 z_1, z_2, z_3 ともとの変数 x_1, x_2, x_3 の相関係数 $r_{z_1x_1}, r_{z_1x_2}, \ldots, r_{z_3x_3}$ を求めます．この相関係数 $r_{z_kx_h}$ を因子負荷量といいます．さて，

$$
\begin{aligned}
r_{z_1x_1} = r_{z_1u_1} &= \frac{\displaystyle\sum_{i=1}^{n} z_{1i}u_{1i}}{\sqrt{\displaystyle\sum_{i=1}^{n} z_{1i}^2 \sum_{i=1}^{n} u_{1i}^2}} = \frac{\displaystyle\sum_{i=1}^{n}(a_1u_{1i} + a_2u_{2i} + a_3u_{3i})u_{1i}}{\sqrt{(n-1)s_{z_1}^2(n-1)}} \\
&= \frac{a_1(n-1) + a_2(n-1)r_{x_1x_2} + a_3(n-1)r_{x_1x_3}}{(n-1)\sqrt{\lambda_1}} \\
&= \frac{a_1 + a_2r_{x_1x_2} + a_3r_{x_1x_3}}{\sqrt{\lambda_1}}
\end{aligned}
$$

であるので，式 (8.9) より（式 (8.9) では $\lambda_1 = \lambda$ です），

$$
r_{z_1x_1} = \frac{\lambda_1 a_1}{\sqrt{\lambda_1}} = \sqrt{\lambda_1}a_1
$$

が得られます．同様に，

$$
\begin{aligned}
r_{z_1x_2} = r_{z_1u_2} &= \frac{\displaystyle\sum_{i=1}^{n} z_{1i}u_{2i}}{\sqrt{\displaystyle\sum_{i=1}^{n} z_{1i}^2 \sum_{i=1}^{n} u_{2i}^2}} = \frac{\displaystyle\sum_{i=1}^{n}(a_1u_{1i} + a_2u_{2i} + a_3u_{3i})u_{2i}}{\sqrt{(n-1)s_{z_1}^2(n-1)}} \\
&= \frac{a_1(n-1)r_{x_1x_2} + a_2(n-1) + a_3(n-1)r_{x_2x_3}}{(n-1)\sqrt{\lambda_1}} \\
&= \frac{a_1r_{x_1x_2} + a_2 + a_3r_{x_2x_3}}{\sqrt{\lambda_1}}
\end{aligned}
$$

であるので，式 (8.9) より

$$
r_{z_1x_2} = \frac{\lambda_1 a_2}{\sqrt{\lambda_1}} = \sqrt{\lambda_1}a_2
$$

が成立します．さらに，

$$r_{z_2x_1} = r_{z_2u_1} = \frac{\displaystyle\sum_{i=1}^{n} z_{2i}u_{1i}}{\sqrt{\displaystyle\sum_{i=1}^{n} z_{2i}^2 \sum_{i=1}^{n} u_{1i}^2}} = \frac{\displaystyle\sum_{i=1}^{n}(b_1u_{1i} + b_2u_{2i} + b_3u_{3i})u_{1i}}{\sqrt{(n-1)s_{z_2}^2(n-1)}}$$

$$= \frac{b_1(n-1) + b_2(n-1)r_{x_1x_2} + b_3(n-1)r_{x_1x_3}}{(n-1)\sqrt{\lambda_2}}$$

$$= \frac{b_1 + b_2r_{x_1x_2} + b_3r_{x_1x_3}}{\sqrt{\lambda_2}}$$

が成立するので，式 (8.18) より（式 (8.18) では $\lambda_2 = \lambda$ です），

$$r_{z_2x_1} = \frac{\lambda_2 b_1}{\sqrt{\lambda_2}} = \sqrt{\lambda_2}b_1$$

が得られます．同様の計算をくり返すと，

$$\begin{cases} r_{z_1x_1} = \sqrt{\lambda_1}a_1, & r_{z_1x_2} = \sqrt{\lambda_1}a_2, & r_{z_1x_3} = \sqrt{\lambda_1}a_3 \\ r_{z_2x_1} = \sqrt{\lambda_2}b_1, & r_{z_2x_2} = \sqrt{\lambda_2}b_2, & r_{z_2x_3} = \sqrt{\lambda_2}b_3 \\ r_{z_3x_1} = \sqrt{\lambda_3}c_1, & r_{z_3x_2} = \sqrt{\lambda_3}c_2, & r_{z_3x_3} = \sqrt{\lambda_3}c_3 \end{cases} \tag{8.20}$$

が得られます．

式 (8.20) で固有値の平方根を用いていますが，一般に，「相関係数行列 R は非負定値行列であるので，その固有値 $\lambda_1, \lambda_2, \lambda_3$ は常に非負である」ことが知られているため，式 (8.20) の表現は可能です．非負定値行列 R の定義は，任意のベクトル $\boldsymbol{x} \neq \boldsymbol{0}$ に対して

$$\boldsymbol{x}^T R \boldsymbol{x} \geqq 0 \tag{8.21}$$

が成立することです．よって，$\boldsymbol{x}$ として最大固有値 λ_1 に対応する，要素の 2 乗和が 1 の固有ベクトル $\boldsymbol{a}$ をとると，

$$\boldsymbol{a}^T R\boldsymbol{a} = (R\boldsymbol{a})^T \boldsymbol{a} = \lambda_1 \boldsymbol{a}^T \boldsymbol{a} = \lambda_1$$

となり，$\boldsymbol{a}^T R\boldsymbol{a} \geqq 0$ であるので λ_1 は非負となります．

第 1 主成分 z_1 については，因子負荷量 $r_{z_1x_1}, r_{z_1x_2}, r_{z_1,x_3}$ の情報から変数 x_1, x_2, x_3 との関わり具合いを検証して，その解釈を考えます．また，式 (8.20) より，その因子負荷量は第 1 主成分 z_1 の係数ベクトル $\boldsymbol{a}$ の要素の情報に関係しているので，係数ベクトル $\boldsymbol{a}$ の要素の情報から主成分の解釈を考えることも可能です．第 2 主成分 z_2，第 3 主成分 z_3 についても同様にして解釈を考えます．

8.3 変数が p 個の主成分分析

前節までは変数が 3 個の場合の主成分分析を解説してきましたが，本節では一般に，変数 p 個での主成分分析を解説します．

8.3.1 主成分の導出

変数を $x_1, x_2, \ldots, x_p$ とし，データ数を n とします．すなわち，n 個のデータ $(x_{11}, x_{21}, \ldots, x_{p1}), (x_{12}, x_{22}, \ldots, x_{p2}), \ldots, (x_{1n}, x_{2n}, \ldots, x_{pn})$ が与えられたとします．このとき，

$$\overline{x}_k = \frac{1}{n}\sum_{i=1}^{n} x_{ki} \quad (k = 1, 2, \ldots, p)$$

$$S_{kh} = S_{x_k x_h} = \sum_{i=1}^{n}(x_{ki} - \overline{x}_k)(x_{hi} - \overline{x}_h) \quad (k, h = 1, 2, \ldots, p)$$

とします．そして，変数 x_k の標準偏差

$$s_k = s_{x_k} = \sqrt{\frac{S_{kk}}{n-1}} \quad (k = 1, 2, \ldots, p)$$

を用いて，変数 x_k を標準化します．

$$u_{ki} = \frac{x_{ki} - \overline{x}_k}{s_k} \quad (k = 1, 2, \ldots, p)$$

また，相関係数は

$$r_{x_k x_h} = r_{u_k u_h}$$

であるので，相関係数行列を

$$R = \begin{pmatrix} 1 & r_{x_1x_2} & r_{x_1x_3} & \cdots & r_{x_1x_p} \\ r_{x_1x_2} & 1 & r_{x_2x_3} & \cdots & r_{x_2x_p} \\ \vdots & \vdots & & & \vdots \\ r_{x_1x_p} & r_{x_2x_p} & r_{x_3x_p} & \cdots & 1 \end{pmatrix}$$

とおきます．

第 1 主成分 z_1 は，R の最大固有値（主固有値）λ_1 に対応する，要素の 2 乗和が 1 の固有ベクトル $\boldsymbol{a} = (a_1, a_2, \ldots, a_p)^T$ を用いて，

$$z_1 = a_1u_1 + a_2u_2 + \cdots + a_pu_p$$

で与えられ，z_1 の分散 $s_{z_1}^2$ は

$$s_{z_1}^2 = \lambda_1$$

となります．

第 2 主成分 z_2 は，R の第 2 固有値（2 番目に大きい固有値）λ_2 に対応する，要素の 2 乗和が 1 の固有ベクトル $\boldsymbol{b} = (b_1, b_2, \ldots, b_p)$ を用いて，

$$z_2 = b_1 u_1 + b_2 u_2 + \cdots + b_p u_p$$

で与えられ，z_2 の分散 $s_{z_2}^2$ は

$$s_{z_2}^2 = \lambda_2$$

となります．

第 k 主成分 z_k は，R の第 k 固有値（k 番目に大きい固有値）λ_k に対応する，要素の 2 乗和が 1 の固有ベクトル $\boldsymbol{c} = (c_1, c_2, \ldots, c_p)^T$ を用いて，

$$z_k = c_1 u_1 + c_2 u_2 + \cdots + c_p u_p$$

で与えられ，z_k の分散 $s_{z_k}^2$ は

$$s_{z_k}^2 = \lambda_k$$

となります．

8.3.2 寄与率

主成分 z_k の分散 $s_{z_k}^2$ は

$$s_{z_k}^2 = \lambda_k$$

であるので，z_k の寄与率は

$$\frac{\lambda_k}{\lambda_1 + \lambda_2 + \cdots + \lambda_p} = \frac{\lambda_k}{p}$$

で与えられ，z_k までの累積寄与率は

$$\frac{\lambda_1 + \lambda_2 + \cdots + \lambda_k}{p}$$

で与えられます．そして，主成分の選択の基準としては通常，

① 固有値が 1 以上

② 累積寄与率が 80%以上

のどちらかが用いられます．固有値 $\lambda_1, \lambda_2, \ldots, \lambda_p$ に対して

$$\lambda_1 + \lambda_2 + \cdots + \lambda_p = p$$

であるので，1は固有値の平均です．

8.3.3 因子負荷量

前節と同様の計算過程より，因子負荷量は

$$
\begin{cases}
r_{z_1x_1}=\sqrt{\lambda_1}a_1, \quad r_{z_1x_2}=\sqrt{\lambda_1}a_2, \quad \ldots, \quad r_{z_1x_p}=\sqrt{\lambda_1}a_p \\
r_{z_2x_1}=\sqrt{\lambda_2}b_1, \quad r_{z_2x_2}=\sqrt{\lambda_2}b_2, \quad \ldots, \quad r_{z_2x_p}=\sqrt{\lambda_2}b_p \\
\quad \cdots \\
r_{z_kx_1}=\sqrt{\lambda_k}c_1, \quad r_{z_kx_2}=\sqrt{\lambda_k}c_2, \quad \ldots, \quad r_{z_kx_p}=\sqrt{\lambda_k}c_p \\
\quad \cdots
\end{cases}
$$

で与えられます．

例題 8.1 変数 x_1, x_2, x_3, x_4 の相関係数行列が

$$
R=\begin{pmatrix} 1 & 0 & 0 & \beta \\ 0 & 1 & \alpha & 0 \\ 0 & \alpha & 1 & 0 \\ \beta & 0 & 0 & 1 \end{pmatrix}
$$

で与えられている．ここで，$0<\alpha<\beta<1$ とする．このとき，つぎの問いに答えよ．

(1) 第1主成分 z_1，第2主成分 z_2，第3主成分 z_3，第4主成分 z_4 を求め，それぞれの寄与率も求めよ．

(2) $\alpha=0.5$, $\beta=0.7$ のとき，固有値が1以上の主成分を選択したとき，その累積寄与率を求めよ．

(3) 因子負荷量 $r_{z_1x_1}, r_{z_2x_1}, r_{z_3x_1}, r_{z_4x_1}$ を求めよ．

解答 (1) 固有方程式は，

$$
\begin{aligned}
|R-\lambda I| &= \begin{vmatrix} 1-\lambda & 0 & 0 & \beta \\ 0 & 1-\lambda & \alpha & 0 \\ 0 & \alpha & 1-\lambda & 0 \\ \beta & 0 & 0 & 1-\lambda \end{vmatrix} \\
&= (1-\lambda)\begin{vmatrix} 1-\lambda & \alpha & 0 \\ \alpha & 1-\lambda & 0 \\ 0 & 0 & 1-\lambda \end{vmatrix} - \beta\begin{vmatrix} 0 & 1-\lambda & \alpha \\ 0 & \alpha & 1-\lambda \\ \beta & 0 & 0 \end{vmatrix} \\
&= (1-\lambda)\{(1-\lambda)^3-\alpha^2(1-\lambda)\}-\beta\{\beta(1-\lambda)^2-\alpha^2\beta\}
\end{aligned}
$$

$$
\begin{aligned}
&= (1-\lambda)^4 - (\alpha^2+\beta^2)(1-\lambda)^2 + \alpha^2\beta^2 \\
&= \{(1-\lambda)^2 - \alpha^2\}\{(1-\lambda)^2 - \beta^2\} = 0
\end{aligned}
$$

となります．よって，固有値は大きい順に

$$
\lambda_1 = 1+\beta, \quad \lambda_2 = 1+\alpha, \quad \lambda_3 = 1-\alpha, \quad \lambda_4 = 1-\beta
$$

となります．x_1, x_2, x_3, x_4 を標準化した変数を u_1, u_2, u_3, u_4 とします．

第 1 主成分 z_1 を求めるために，$\lambda_1 = 1+\beta$ に対応する要素の 2 乗和が 1 の固有ベクトル $\boldsymbol{a} = (a_1, a_2, a_3, a_4)^T$ を求めます．すなわち，

$$
\begin{pmatrix} 1 & 0 & 0 & \beta \\ 0 & 1 & \alpha & 0 \\ 0 & \alpha & 1 & 0 \\ \beta & 0 & 0 & 1 \end{pmatrix} \begin{pmatrix} a_1 \\ a_2 \\ a_3 \\ a_4 \end{pmatrix} = (1+\beta) \begin{pmatrix} a_1 \\ a_2 \\ a_3 \\ a_4 \end{pmatrix}
$$

であるので，

$$
\begin{cases}
a_1 + \beta a_4 = (1+\beta)a_1 \\
a_2 + \alpha a_3 = (1+\beta)a_2 \\
\alpha a_2 + a_3 = (1+\beta)a_3 \\
\beta a_1 + a_4 = (1+\beta)a_4
\end{cases}
\tag{8.22}
$$

が得られます．式 (8.22) の 1 本目または 4 本目より $a_1 = a_4$ であり，2 本目より $a_2 = \dfrac{\alpha}{\beta}a_3$ で，3 本目より $a_2 = \dfrac{\beta}{\alpha}a_3$ です．よって，

$$
a_2 - a_2 = \left(\frac{\alpha}{\beta} - \frac{\beta}{\alpha}\right)a_3 = 0
$$

であるので，$a_3 = a_2 = 0$ が成立し，

$$
a_1 : a_2 : a_3 : a_4 = 1 : 0 : 0 : 1
$$

となります．ゆえに，$\sqrt{1^2+0^2+0^2+1^2} = \sqrt{2}$ であるので，$\boldsymbol{a} = (1/\sqrt{2}, 0, 0, 1/\sqrt{2})^T$ を得ます．よって，第 1 主成分とその寄与率は

$$
z_1 = \frac{1}{\sqrt{2}}u_1 + \frac{1}{\sqrt{2}}u_4, \quad z_1 \text{ の寄与率} = \frac{1+\beta}{4}
$$

となります．

つぎに，第 2 主成分 z_2 を求めるために，$\lambda_2 = 1+\alpha$ に対応する，要素の 2 乗和が 1 の固有ベクトル $\boldsymbol{b} = (b_1, b_2, b_3, b_4)^T$ を求めましょう．すなわち，

$$\begin{pmatrix} 1 & 0 & 0 & \beta \\ 0 & 1 & \alpha & 0 \\ 0 & \alpha & 1 & 0 \\ \beta & 0 & 0 & 1 \end{pmatrix} \begin{pmatrix} b_1 \\ b_2 \\ b_3 \\ b_4 \end{pmatrix} = (1+\alpha) \begin{pmatrix} b_1 \\ b_2 \\ b_3 \\ b_4 \end{pmatrix}$$

であるので，上式の 2 本目または 3 本目より $b_2 = b_3$ です．また，1 本目より $b_1 = \dfrac{\beta}{\alpha} b_4$ であり，4 本目より $b_1 = \dfrac{\alpha}{\beta} b_4$ です．よって，

$$b_1 - b_1 = \left(\frac{\beta}{\alpha} - \frac{\alpha}{\beta} \right) b_4 = 0$$

となり，$b_1 = b_4 = 0$ が得られます．したがって，

$$b_1 : b_2 : b_3 : b_4 = 0 : 1 : 1 : 0$$

であるので，求める固有ベクトルは，$\boldsymbol{b} = (0, 1/\sqrt{2}, 1/\sqrt{2}, 0)$ です．ゆえに，第 2 主成分とその寄与率は

$$z_2 = \frac{1}{\sqrt{2}} u_2 + \frac{1}{\sqrt{2}} u_3, \quad z_2 \text{ の寄与率} = \frac{1+\alpha}{4}$$

となります．

第 3 主成分 z_3 を求めるため，$\lambda_3 = 1 - \alpha$ に対応する，要素の 2 乗和が 1 の固有ベクトル $\boldsymbol{c} = (c_1, c_2, c_3, c_4)^T$ を求めます．すなわち，

$$\begin{pmatrix} 1 & 0 & 0 & \beta \\ 0 & 1 & \alpha & 0 \\ 0 & \alpha & 1 & 0 \\ \beta & 0 & 0 & 1 \end{pmatrix} \begin{pmatrix} c_1 \\ c_2 \\ c_3 \\ c_4 \end{pmatrix} = (1-\alpha) \begin{pmatrix} c_1 \\ c_2 \\ c_3 \\ c_4 \end{pmatrix}$$

であるので，上式の 2 本目または 3 本目より $c_3 = -c_2$ です．また，1 本目より $c_1 = -\dfrac{\beta}{\alpha} c_4$ であり，4 本目より $c_1 = -\dfrac{\alpha}{\beta} c_4$ です．よって，

$$c_1 - c_1 = \left(\frac{\alpha}{\beta} - \frac{\beta}{\alpha} \right) c_4 = 0$$

となり，$c_1 = c_4 = 0$ が得られます．したがって，

$$c_1 : c_2 : c_3 : c_4 = 0 : 1 : -1 : 0$$

であるので，求める固有ベクトルは，$\boldsymbol{c} = (0, 1/\sqrt{2}, -1/\sqrt{2}, 0)^T$ です．ゆえに，第 3 主成分とその寄与率は

$$z_3 = \frac{1}{\sqrt{2}} u_2 - \frac{1}{\sqrt{2}} u_3, \quad z_3 \text{ の寄与率} = \frac{1-\alpha}{4}$$

となります．

最後に，第 4 主成分 z_4 を求めるために，$\lambda_4 = 1 - \beta$ に対応する，要素の 2 乗和が 1 の固有ベクトル $\boldsymbol{d} = (d_1, d_2, d_3, d_4)^T$ を求めましょう．すなわち，

$$\begin{pmatrix} 1 & 0 & 0 & \beta \\ 0 & 1 & \alpha & 0 \\ 0 & \alpha & 1 & 0 \\ \beta & 0 & 0 & 1 \end{pmatrix} \begin{pmatrix} d_1 \\ d_2 \\ d_3 \\ d_4 \end{pmatrix} = (1 - \beta) \begin{pmatrix} d_1 \\ d_2 \\ d_3 \\ d_4 \end{pmatrix}$$

であるので，上式の 1 本目または 4 本目より $d_4 = -d_1$ です．また，2 本目より $d_2 = -\dfrac{\alpha}{\beta}d_3$ であり，3 本目より $d_2 = -\dfrac{\beta}{\alpha}d_3$ です．よって，

$$d_2 - d_2 = \left(\frac{\beta}{\alpha} - \frac{\alpha}{\beta}\right) d_3 = 0$$

となり，$d_2 = d_3 = 0$ が得られます．したがって，

$$d_1 : d_2 : d_3 : d_4 = 1 : 0 : 0 : -1$$

であるので，求める固有ベクトルは $\boldsymbol{d} = (1/\sqrt{2}, 0, 0, -1/\sqrt{2})$ です．ゆえに，第 4 主成分とその寄与率は

$$z_4 = \frac{1}{\sqrt{2}}u_1 - \frac{1}{\sqrt{2}}u_4, \quad z_4 \text{ の寄与率} = \frac{1 - \beta}{4}$$

となります．

(2) 固有値が 1 以上の主成分は，第 1 主成分 z_1 と第 2 主成分 z_2 であるので，

$$\text{累積寄与率} = \frac{1 + \beta + 1 + \alpha}{4} = \frac{3.2}{4} = 0.8$$

となり，累積寄与率は 80%です．

(3) 因子負荷量は，それぞれ以下のようになります．

$$r_{z_1 x_1} = \sqrt{\lambda_1} a_1 = \sqrt{\frac{1 + \beta}{2}}$$

$$r_{z_2 x_1} = \sqrt{\lambda_2} b_1 = 0$$

$$r_{z_3 x_1} = \sqrt{\lambda_3} c_1 = 0$$

$$r_{z_4 x_1} = \sqrt{\lambda_4} d_1 = \sqrt{\frac{1 - \beta}{2}}$$

■

演習問題 8章

8.1 変数 x_1, x_2, x_3 のデータから求めた相関係数行列が $R = \begin{pmatrix} 1 & 0 & \alpha \\ 0 & 1 & \beta \\ \alpha & \beta & 1 \end{pmatrix}$ で与えられている．ここで，$0 < \alpha < \beta < 1$ であり，$\gamma = \sqrt{\alpha^2 + \beta^2}$ とおく．x_1, x_2, x_3 を標準化した変数を u_1, u_2, u_3 とするとき，つぎの問いに答えよ．

(1) 第 1 主成分 z_1，第 2 主成分 z_2，第 3 主成分 z_3 を求めよ．

(2) 各主成分の寄与率を求めよ．

(3) 因子負荷量を求めよ．

8.2 変数 x_1, x_2, x_3, x_4 のデータから求めた相関係数行列が $R = \begin{pmatrix} 1 & 0 & 0.3 & 0 \\ 0 & 1 & 0 & 0.4 \\ 0.3 & 0 & 1 & 0 \\ 0 & 0.4 & 0 & 1 \end{pmatrix}$ で与えられている．そして，変数 x_1, x_2, x_3, x_4 を標準化した変数を u_1, u_2, u_3, u_4 とする．このとき，第 1 主成分 z_1，第 2 主成分 z_2，第 3 主成分 z_3 と第 4 主成分 z_4 を求め，それらの寄与率も求めよ．

8.3 変数 x_1, x_2, x_3, x_4, x_5 のデータから求めた相関係数行列が

$$R = \begin{pmatrix} 1 & 0 & 0 & 0 & 0 \\ 0 & 1 & 0 & 0 & \beta \\ 0 & 0 & 1 & \alpha & 0 \\ 0 & 0 & \alpha & 1 & 0 \\ 0 & \beta & 0 & 0 & 1 \end{pmatrix}$$

で与えられている．ここで，$0 < \alpha < \beta < 1$ とし，x_1, x_2, x_3, x_4, x_5 を標準化した変数を u_1, u_2, u_3, u_4, u_5 とする．以下の問いに答えよ．

(1) 第 1 主成分 z_1，第 2 主成分 z_2，第 3 主成分 z_3 を求めよ．

(2) (1) で求めた主成分の寄与率を求めよ．

(3) 因子負荷量 $r_{z_1 x_2}, r_{z_1 x_3}, r_{z_2 x_2}, r_{z_2 x_3}, r_{z_3 x_2}, r_{z_3 x_3}$ を求めよ．

9章 判別分析——データが属する集団を判別する

判別分析は，二つの母集団を設定し，あるサンプルがどちらの母集団に属するかを判定するための手法です．その判定には，サンプルに関する量的変数を利用します．9.3 節では，変数が質的変数の場合に判別分析と同じ分析を行いますが，これは数量化 II 類とよばれています．

9.1 はじめに

入学試験に関する 1 日あたりの平均勉強時間と合否のデータに，判別分析を適用してみましょう．

基本問題 表 9.1 のデータから合否を判定するための式（判別関数）を導き，平均勉強時間が 6 時間の学生の合否を判別せよ．

表 9.1 入学試験の合格者・不合格者の平均勉強時間

学生	1	2	3	4	5	6	7	8	9	10
合否	合格	合格	合格	合格	合格	不合格	不合格	不合格	不合格	不合格
勉強時間（単位：時間）	5.2	6.4	6.5	4.4	7.5	4.7	6.2	2.5	3.6	5.0

〈解説〉 判別分析では，二つの母集団を設定し，母集団への所属がわかっているデータとその変数を用いて，線形判別関数を構成します．この関数を用いて，新しいデータがどちらの母集団に属するかを判別します（図 9.1）．

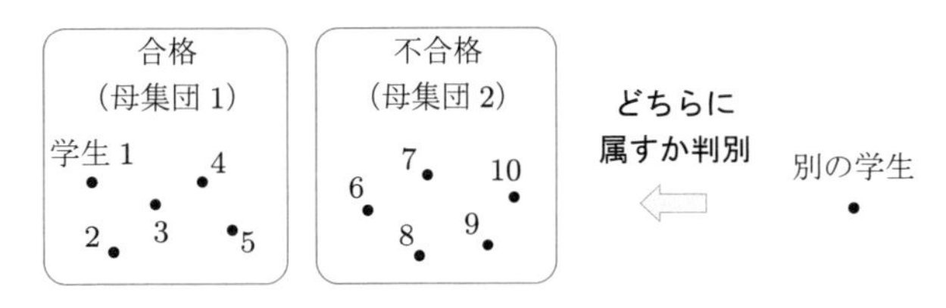

図 9.1 判別分析のイメージ

〈分析の流れ〉

Step1　二つの母集団を設定します．母集団分布は平均が異なる正規分布とします．

Step2　二つの母集団のマハラノビスの距離の 2 乗を用いて，判別方式を定義します．

Step3　判別方式を用いて，サンプルのデータ x がどちらの母集団に属するかを判別します．

この二つの母集団を母集団 (1) と (2) とし，勉強時間は x とします．

変数 x が合格者の母集団 (1) に所属していると，x の確率密度関数は

$$f_1(x) = \frac{1}{\sqrt{2\pi}\sigma} e^{-D_1^2/2}, \quad D_1^2 = \frac{(x-\mu_1)^2}{\sigma^2}$$

であるとし，変数 x が不合格者の母集団 (2) に所属していると，x の確率密度関数は

$$f_2(x) = \frac{1}{\sqrt{2\pi}\sigma} e^{-D_2^2/2}, \quad D_2^2 = \frac{(x-\mu_2)^2}{\sigma^2}$$

であるとします．すなわち，それぞれの母集団分布は，正規分布 $N(\mu_1, \sigma^2), N(\mu_2, \sigma^2)$ とします．ここで，D_1^2, D_2^2 は，サンプルの測定値 x からそれぞれの母集団への距離であり，マハラノビスの距離の 2 乗とよばれています．

二つの母集団のマハラノビスの距離の 2 乗を用いて，判別方式を

$$d(x) = \frac{D_2^2 - D_1^2}{2} \tag{9.1}$$

で定義し，サンプルのデータ x を

$$\begin{cases} d(x) \geqq 0 \text{ ならば，} x \text{ は母集団 (1) に属する} \\ d(x) < 0 \text{ ならば，} x \text{ は母集団 (2) に属する} \end{cases} \tag{9.2}$$

で判別します．式 (9.1) は，簡単な変形から

$$d(x) = \frac{D_2^2 - D_1^2}{2} = \frac{\mu_1 - \mu_2}{\sigma^2}(x - \overline{\mu}), \quad \overline{\mu} = \frac{\mu_1 + \mu_2}{2} \tag{9.3}$$

となり，この式は線形判別関数とよばれています．

この判別関数をデータに適用するときには，式 (9.3) の中に含まれているパラメータ μ_1, μ_2, σ^2 を表 9.1 のデータから推定する必要があります．一般に，母集団 (1) からのデータを $(x_{11}, \ldots, x_{1n_1})$，母集団 (2) からのデータを $(x_{21}, \ldots, x_{2n_2})$ とすると，未知のパラメータの推定量は

$$
\begin{cases}
\widehat{\mu}_1 = \dfrac{1}{n_1}\displaystyle\sum_{i=1}^{n_1} x_{1i} = \overline{x}_1 \\
\widehat{\mu}_2 = \dfrac{1}{n_2}\displaystyle\sum_{i=1}^{n_2} x_{2i} = \overline{x}_2 \\
\widehat{\sigma}^2 = \dfrac{\displaystyle\sum_{i=1}^{n_1}(x_{1i}-\overline{x}_1)^2 + \sum_{i=1}^{n_2}(x_{2i}-\overline{x}_2)^2}{n_1+n_2-2} = \dfrac{S_{11}+S_{22}}{n_1+n_2-2}
\end{cases}
\tag{9.4}
$$

で与えられます（たとえば，「初等統計解析」佐和隆光著（新曜社）を参照してください）．この推定量を式 (9.3) の μ_1, μ_2, σ^2 のところに代入して，線形判別関数の推定式を得ます．よって，線形判別関数の推定式は

$$
\widehat{d}(x) = \frac{\widehat{\mu}_1 - \widehat{\mu}_2}{\widehat{\sigma}^2}(x - \widehat{\overline{\mu}}), \quad \widehat{\overline{\mu}} = \frac{\widehat{\mu}_1 + \widehat{\mu}_2}{2} \tag{9.5}
$$

であり，変数 x のデータに対して判別方式

$$
\begin{cases}
\widehat{d}(x) \geqq 0 \text{ ならば，このデータは母集団 (1) に属する} \\
\widehat{d}(x) < 0 \text{ ならば，このデータは母集団 (2) に属する}
\end{cases}
\tag{9.6}
$$

を適用し，サンプルを判別します．

〈基本問題の解答〉

Step1 判別分析では，二つの母集団を設定します．この基本問題では，合格者の母集団 (1) と不合格者の母集団 (2) です．勉強時間は変数 x で表します．

Step2 基本問題の線形判別関数の推定式を求めるために，補助表を作成します．合格者の母集団 (1) からのデータ $(x_{11}, \ldots, x_{15})$，不合格者の母集団 (2) からのデータ $(x_{21}, \ldots, x_{25})$ に対して，補助表 9.2 を作成します．

補助表 9.2 より，

表 9.2 補助表

学生	i	x_{1i}	$x_{1i}-\overline{x}_1$	$(x_{1i}-\overline{x}_1)^2$	学生	i	x_{2i}	$x_{2i}-\overline{x}_2$	$(x_{2i}-\overline{x}_2)^2$
1	1	5.2	−0.8	0.64	6	1	4.7	0.3	0.09
2	2	6.4	0.4	0.16	7	2	6.2	1.8	3.24
3	3	6.5	0.5	0.25	8	3	2.5	−1.9	3.61
4	4	4.4	−1.6	2.56	9	4	3.6	−0.8	0.64
5	5	7.5	1.5	2.25	10	5	5.0	0.6	0.36
	計	30.0	0	5.86		計	22.0	0	7.94

$\overline{x}_1 = 6.0$　　$\overline{x}_2 = 4.4$

$$\widehat{\mu}_1 = \overline{x}_1 = 6.0, \quad \widehat{\mu}_2 = \overline{x}_2 = 4.4$$

$$\widehat{\sigma}^2 = \frac{5.86 + 7.94}{8} = 1.725, \quad \widehat{\overline{\mu}} = \frac{6.0 + 4.4}{2} = 5.2$$

であるので，線形判別関数の推定式は

$$\widehat{d}(x) = \frac{6.0 - 4.4}{1.725}(x - 5.2) = 0.928(x - 5.2) \tag{9.7}$$

です．

Step3　勉強時間が 6 時間の学生は $x = 6$ であるので，この学生の判別関数の値は

$$\widehat{d}(x) = 0.928(6 - 5.2) = 0.742 \geqq 0$$

となり，この学生は合格と判定されます．

例題 9.1　表 9.1 の 10 人の学生の模擬試験の点数が表 9.3 で与えられているとする．模試の点数から判別方式を導き，模試の点数が 71 点の学生の合否を判別せよ．

表 9.3　合格者・不合格者の模試の点数

学生	1	2	3	4	5	6	7	8	9	10
合否	合格	合格	合格	合格	合格	不合格	不合格	不合格	不合格	不合格
模試の点数	75	97	70	85	73	70	64	54	62	80

解答　線形判別関数の推定式を求めるために，補助表を作成します．表 9.3 の合格者の母集団 (1) からの模試の点数データを $(x_{11}, \ldots, x_{15})$，不合格者の母集団 (2) からの模試の点数データを $(x_{21}, \ldots, x_{25})$ として，補助表 9.4 を作成します．

補助表 9.4 より

$$\widehat{\mu}_1 = \overline{x}_1 = 80, \quad \widehat{\mu}_2 = \overline{x}_2 = 66$$

表 9.4　補助表

i	x_{1i}	$x_{1i} - \overline{x}_1$	$(x_{1i} - \overline{x}_1)^2$	x_{2i}	$x_{2i} - \overline{x}_2$	$(x_{2i} - \overline{x}_2)^2$
1	75	−5	25	70	4	16
2	97	17	289	64	−2	4
3	70	−10	100	54	−12	144
4	85	5	25	62	−4	16
5	73	−7	49	80	14	196
計	400	0	488	330	0	376

$\overline{x}_1 = 80$　　$\overline{x}_2 = 66$

$$\hat{\sigma}^2 = \frac{488+376}{8} = 108, \quad \hat{\bar{\mu}} = \frac{80+66}{2} = 73$$

であるので，線形判別関数の推定式は

$$\hat{d}(x) = \frac{80-66}{108}(x-73) = 0.130(x-73)$$

です．

よって，模試の点数が 71 点の学生は $x = 71$ であるので，この学生の判別関数の値は

$$\hat{d}(x) = 0.130(71-73) = -0.26 < 0$$

となり，この学生は不合格と判定されます．■

9.2 変数が 2 個の場合の判別分析

表 9.5 には，10 人の学生の平均勉強時間（変数 x_1）と模擬試験の点数（変数 x_2）のデータが与えられています．この節では，二つの変数のデータから線形判別関数の推定式を求める方法を解説します．

表 9.5　合格者・不合格者の勉強時間と模試の点数

学生	1	2	3	4	5	6	7	8	9	10
合否	合格	合格	合格	合格	合格	不合格	不合格	不合格	不合格	不合格
勉強時間（単位：時間）	5.2	6.4	6.5	4.4	7.5	4.7	6.2	2.5	3.6	5.0
模試の点数	75	97	70	85	73	70	64	54	62	80

勉強時間を示す変数 x_1 と模試の点数を示す変数 x_2 を要素にもつ変数を，$\boldsymbol{x} = \begin{pmatrix} x_1 \\ x_2 \end{pmatrix}$ とします．判別分析では，母集団分布として平均が異なる二つの正規分布を考えるので，母集団 (1) の変数 x_1, x_2 の平均をそれぞれ μ_{11}, μ_{12} とすれば，母集団 (1) の正規分布の平均ベクトルは $\boldsymbol{\mu}_1 = \begin{pmatrix} \mu_{11} \\ \mu_{12} \end{pmatrix}$ です．同様にして，母集団 (2) の変数 x_1, x_2 の平均をそれぞれ μ_{21}, μ_{22} とすれば，母集団 (2) の平均ベクトルは $\boldsymbol{\mu}_2 = \begin{pmatrix} \mu_{21} \\ \mu_{22} \end{pmatrix}$ です．そして，共通の分散共分散行列は

$$\Sigma = \begin{pmatrix} \sigma_{11} & \sigma_{12} \\ \sigma_{12} & \sigma_{22} \end{pmatrix}$$

となります．ここで，σ_{11} は変数 x_1 の分散，σ_{22} は変数 x_2 の分散で，σ_{12} は x_1 と x_2 の共分散です．

変数 $\boldsymbol{x} = \begin{pmatrix} x_1 \\ x_2 \end{pmatrix}$ が合格者の母集団 (1) に所属していると，$\boldsymbol{x}$ の確率密度関数は

$$f_1(\boldsymbol{x}) = \frac{1}{2\pi\sqrt{|\Sigma|}} e^{-D_1^2/2}$$
$$D_1^2 = (\boldsymbol{x} - \boldsymbol{\mu}_1)^T \Sigma^{-1} (\boldsymbol{x} - \boldsymbol{\mu}_1)$$

であり，不合格者の母集団 (2) に所属していると，変数 $\boldsymbol{x}$ の確率密度関数は

$$f_2(\boldsymbol{x}) = \frac{1}{2\pi\sqrt{|\Sigma|}} e^{-D_2^2/2}$$
$$D_2^2 = (\boldsymbol{x} - \boldsymbol{\mu}_2)^T \Sigma^{-1} (\boldsymbol{x} - \boldsymbol{\mu}_2)$$

です．ここで，$|\Sigma|$ は行列 Σ の行列式です．すなわち，それぞれの母集団分布は，2 次元正規分布 $N(\boldsymbol{\mu}_1, \Sigma), N(\boldsymbol{\mu}_2, \Sigma)$ です．そして，D_1^2, D_2^2 はマハラノビスの距離の 2 乗です．

判別方式を定義する前に，

$$\Sigma^{-1} = \begin{pmatrix} \sigma_{11} & \sigma_{12} \\ \sigma_{12} & \sigma_{22} \end{pmatrix}^{-1} = \begin{pmatrix} \sigma^{11} & \sigma^{12} \\ \sigma^{12} & \sigma^{22} \end{pmatrix}$$

と表現して，D_1^2 の表現を考えてみましょう．すると，

$$\begin{aligned} D_1^2 &= (x_1 - \mu_{11}, x_2 - \mu_{12}) \begin{pmatrix} \sigma^{11} & \sigma^{12} \\ \sigma^{12} & \sigma^{22} \end{pmatrix} \begin{pmatrix} x_1 - \mu_{11} \\ x_2 - \mu_{12} \end{pmatrix} \\ &= \sigma^{11}(x_1 - \mu_{11})^2 + \sigma^{22}(x_2 - \mu_{12})^2 + 2\sigma^{12}(x_1 - \mu_{11})(x_2 - \mu_{12}) \end{aligned} \tag{9.8}$$

が成立します．

前節と同様，マハラノビスの距離の 2 乗を用いて，判別方式を次式で定義します．

$$d(\boldsymbol{x}) = \frac{D_2^2 - D_1^2}{2} \tag{9.9}$$

これにより，データ $\boldsymbol{x}$ を

$$\begin{cases} d(\boldsymbol{x}) \geqq 0 \text{ ならば，} \boldsymbol{x} \text{ は母集団 (1) に属する} \\ d(\boldsymbol{x}) < 0 \text{ ならば，} \boldsymbol{x} \text{ は母集団 (2) に属する} \end{cases} \tag{9.10}$$

で判別します．ここで，式 (9.8) より

$$
\begin{aligned}
D_2^2 - D_1^2 &= \sigma^{11}\{(x_1-\mu_{21})^2-(x_1-\mu_{11})^2\}\\
&\quad + \sigma^{22}\{(x_2-\mu_{22})^2-(x_2-\mu_{12})^2\}\\
&\quad + 2\sigma^{12}\{(x_1-\mu_{21})(x_2-\mu_{22})-(x_1-\mu_{11})(x_2-\mu_{12})\}\\
&= 2\sigma^{11}(\mu_{11}-\mu_{21})\left(x_1-\frac{\mu_{11}+\mu_{21}}{2}\right)\\
&\quad + 2\sigma^{22}(\mu_{12}-\mu_{22})\left(x_2-\frac{\mu_{12}+\mu_{22}}{2}\right)\\
&\quad + 2\sigma^{12}(\mu_{11}-\mu_{21})\left(x_2-\frac{\mu_{12}+\mu_{22}}{2}\right)\\
&\quad + 2\sigma^{12}(\mu_{12}-\mu_{22})\left(x_1-\frac{\mu_{11}+\mu_{21}}{2}\right)
\end{aligned}
$$

であるので,

$$
\overline{\mu}_1 = \frac{\mu_{11}+\mu_{21}}{2},\quad \overline{\mu}_2 = \frac{\mu_{12}+\mu_{22}}{2}
$$

とおけば

$$
D_2^2 - D_1^2 = 2(\mu_{11}-\mu_{21}, \mu_{12}-\mu_{22})\Sigma^{-1}\begin{pmatrix} x_1-\overline{\mu}_1 \\ x_2-\overline{\mu}_2 \end{pmatrix}
$$

となります．ゆえに,

$$
d(\boldsymbol{x}) = (\mu_{11}-\mu_{21}, \mu_{12}-\mu_{22})\Sigma^{-1}\begin{pmatrix} x_1-\overline{\mu}_1 \\ x_2-\overline{\mu}_2 \end{pmatrix} \tag{9.11}
$$

となります．この式は線形判別関数とよばれています．

線形判別関数の中には，未知のパラメータ $\mu_{11}, \mu_{12}, \mu_{21}, \mu_{22}$ と $\sigma_{11}, \sigma_{22}, \sigma_{12}$ が含まれているので，母集団 (1) と母集団 (2) から得られたデータからこれらを推定する必要があります．母集団 (1) と母集団 (2) からのデータを変数 $\boldsymbol{x}_1$ と $\boldsymbol{x}_2$ で表現すると，添字が 3 個になるので，ここでは母集団 (1) からの n_1 個のデータを $\begin{pmatrix} y_{11} \\ y_{21} \end{pmatrix}, \begin{pmatrix} y_{12} \\ y_{22} \end{pmatrix}, \ldots, \begin{pmatrix} y_{1n_1} \\ y_{2n_1} \end{pmatrix}$ とし，母集団 (2) からの n_2 個のデータを $\begin{pmatrix} z_{11} \\ z_{21} \end{pmatrix}, \begin{pmatrix} z_{12} \\ z_{22} \end{pmatrix}, \ldots, \begin{pmatrix} z_{1n_1} \\ z_{2n_1} \end{pmatrix}$ と表現することにします．このデータから，パラメータの推定量は,

$$\begin{cases} \widehat{\mu}_{11} = \dfrac{1}{n_1}\displaystyle\sum_{i=1}^{n_1} y_{1i} = \overline{y}_1 \\ \widehat{\mu}_{12} = \dfrac{1}{n_1}\displaystyle\sum_{i=1}^{n_1} y_{2i} = \overline{y}_2 \\ \widehat{\mu}_{21} = \dfrac{1}{n_2}\displaystyle\sum_{i=1}^{n_2} z_{1i} = \overline{z}_1 \\ \widehat{\mu}_{22} = \dfrac{1}{n_2}\displaystyle\sum_{i=1}^{n_2} z_{2i} = \overline{z}_2 \\ \widehat{\sigma}_{11} = \dfrac{\displaystyle\sum_{i=1}^{n_1}(y_{1i}-\overline{y}_1)^2 + \sum_{i=1}^{n_2}(z_{1i}-\overline{z}_1)^2}{n_1+n_2-2} = \dfrac{S_{y_1y_1}+S_{z_1z_1}}{n_1+n_2-2} \\ \widehat{\sigma}_{22} = \dfrac{\displaystyle\sum_{i=1}^{n_1}(y_{2i}-\overline{y}_2)^2 + \sum_{i=1}^{n_2}(z_{2i}-\overline{z}_2)^2}{n_1+n_2-2} = \dfrac{S_{y_2y_2}+S_{z_2z_2}}{n_1+n_2-2} \\ \widehat{\sigma}_{12} = \dfrac{\displaystyle\sum_{i=1}^{n_1}(y_{1i}-\overline{y}_1)(y_{2i}-\overline{y}_2) + \sum_{i=1}^{n_2}(z_{1i}-\overline{z}_1)(z_{2i}-\overline{z}_2)}{n_1+n_2-2} \\ \qquad = \dfrac{S_{y_1y_2}+S_{z_1z_2}}{n_1+n_2-2} \end{cases} \tag{9.12}$$

で与えられます．さらに，

$$\widehat{\overline{\mu}}_1 = \frac{\widehat{\mu}_{11}+\widehat{\mu}_{21}}{2}, \quad \widehat{\overline{\mu}}_2 = \frac{\widehat{\mu}_{12}+\widehat{\mu}_{22}}{2} \tag{9.13}$$

とおきます．式 (9.11) の線形判別関数の中の未知のパラメータ $\mu_{11}, \mu_{12}, \mu_{21}, \mu_{22}$ と $\sigma_{11}, \sigma_{22}, \sigma_{12}$ のところに，式 (9.12) の $\widehat{\mu}_{11}, \widehat{\mu}_{12}, \widehat{\mu}_{21}, \widehat{\mu}_{22}$ と $\widehat{\sigma}_{11}, \widehat{\sigma}_{22}, \widehat{\sigma}_{12}$ を代入して，線形判別関数の推定式を得ます．すなわち，推定式は

$$\begin{aligned} \widehat{d}(\boldsymbol{x}) &= (\widehat{\mu}_{11}-\widehat{\mu}_{21}, \widehat{\mu}_{12}-\widehat{\mu}_{22})\widehat{\Sigma}^{-1}\begin{pmatrix} x_1 - \widehat{\overline{\mu}}_1 \\ x_2 - \widehat{\overline{\mu}}_2 \end{pmatrix} \\ &= (\widehat{\mu}_{11}-\widehat{\mu}_{21}, \widehat{\mu}_{12}-\widehat{\mu}_{22})\begin{pmatrix} \widehat{\sigma}_{11} & \widehat{\sigma}_{12} \\ \widehat{\sigma}_{12} & \widehat{\sigma}_{22} \end{pmatrix}^{-1}\begin{pmatrix} x_1 - \widehat{\overline{\mu}}_1 \\ x_2 - \widehat{\overline{\mu}}_2 \end{pmatrix} \end{aligned} \tag{9.14}$$

であり，変数 $\boldsymbol{x}$ の値に対して判別方式

$$\begin{cases} \widehat{d}(\boldsymbol{x}) \geqq 0 \text{ ならば，このデータは母集団 (1) に属する} \\ \widehat{d}(\boldsymbol{x}) < 0 \text{ ならば，このデータは母集団 (2) に属する} \end{cases} \tag{9.15}$$

を適用し，サンプルを判別します．

表 9.5 への適用は，各自試みてください．

9.3 数量化 II 類

基本問題で，入学試験での 1 日あたり平均勉強時間で合否の判別を行いました．本節では，勉強時間が 5 時間以上なら勉強時間は「多い」，5 時間未満なら「少ない」とした，表 9.1 より簡単なデータ（表 9.6）で，合否の判別を実施します．このデータは質的変数であるので，解析するときにはダミー変数が必要です．変数が質的変数の場合に判別分析と同じ分析を行う手法は，数量化 II 類といわれています．なお，この手法は，質的変数を扱うことが多い社会科学・医学分野で用いられることが多いです．

表 9.6 勉強時間の質的変数

学生	合否	勉強時間	ダミー変数 x_1	学生	合否	勉強時間	ダミー変数 x_2
1	合格	多	1	6	不合格	少	0
2	合格	多	1	7	不合格	多	1
3	合格	多	1	8	不合格	少	0
4	合格	少	0	9	不合格	少	0
5	合格	多	1	10	不合格	多	1

表 9.1 のデータを質的変数に変換したのが，表 9.6 です．これを数量化 II 類で解析してみます．

ダミー変数は

$$x_i = \begin{cases} 1, & \text{学生 } i \text{ の勉強時間が多い} \\ 0, & \text{学生 } i \text{ の勉強時間が少ない} \end{cases}$$

です．線形判別関数の推定式を求めるために，補助表 9.7 を作成します．

表 9.7 補助表

i	x_{1i}	$x_{1i}-\overline{x}_1$	$(x_{1i}-\overline{x}_1)^2$	x_{2i}	$x_{2i}-\overline{x}_2$	$(x_{2i}-\overline{x}_2)^2$
1	1	0.2	0.04	0	−0.4	0.16
2	1	0.2	0.04	1	0.6	0.36
3	1	0.2	0.04	0	−0.4	0.16
4	0	−0.8	0.64	0	−0.4	0.16
5	1	0.2	0.04	1	0.6	0.36
計	4	0	0.80	2	0	1.20

$\overline{x}_1 = 0.8$　　$\overline{x}_2 = 0.4$

補助表 9.7 より，

$$\widehat{\mu}_1 = \frac{4}{5} = 0.8, \quad \widehat{\mu}_2 = \frac{2}{5} = 0.4$$

$$\widehat{\sigma}^2 = \frac{0.80 + 1.20}{8} = 0.25, \quad \widehat{\overline{\mu}} = \frac{0.8 + 0.4}{2} = 0.6$$

であるので，線形判別関数の推定式は

$$\widehat{d}(x) = \frac{0.8 - 0.4}{0.25}(x - 0.6) = 1.60(x - 0.6)$$

となります．

基本問題では，勉強時間が 6 時間の学生の判別を行いました．この学生の勉強時間は 5 時間以上であるため「多い」に分類されるので，$x = 1$ です．よって，この学生の判別関数の値は

$$\widehat{d}(x) = 1.60(1 - 0.6) = 0.64 \geqq 0$$

であるので，この学生は合格と判定されます．

基本問題でも，この学生を合格と判定しているので，数量化 II 類での合否判定と一致しています．

また，もし 1 日あたり平均勉強時間を多い・普通・少ないの 3 段階で分類すると，ダミー変数が 2 個必要です．すると，9.2 節の解析手法を適用することになるので，読者はこれを自分の手で解いてみてください．

演習問題 9章

9.1 入学試験に関する 1 日あたり平均の睡眠時間と合否のデータが表 9.8 で与えられている．このとき，つぎの問いに答えよ．

(1) 線形判別関数の推定式を求めよ．

(2) 睡眠時間が 4 時間の学生の合否を判定せよ．

表 9.8 合格者・不合格者の平均睡眠時間

学生	1	2	3	4	5	6	7	8	9	10
合否	合格	合格	合格	合格	合格	不合格	不合格	不合格	不合格	不合格
睡眠時間（単位：時間）	5.0	4.8	7.2	8.0	3.5	4.5	6.0	8.5	5.6	6.4

9.2 表 9.8 を質的変数に変換したものが表 9.9 である．このとき，つぎの問いに答えよ．

(1) 線形判別関数の推定式を求めよ．

表 9.9 睡眠時間の質的変数

学生	合否	勉強時間	ダミー変数 x_1	学生	合否	勉強時間	ダミー変数 x_2
1	合格	少	0	6	不合格	少	0
2	合格	少	0	7	不合格	多	1
3	合格	多	1	8	不合格	多	1
4	合格	多	1	9	不合格	少	0
5	合格	少	0	10	不合格	多	1

(2) 睡眠時間が 4 時間の学生の合否を判定せよ.

10章

因子分析——背後にある因子を推測する

因子分析は，多数の観測変数の背後に数個の因子が潜在的に存在していると仮定し，それによって観測されている変数間の関連を説明しようとする手法であり，知能の因子構造を明らかにする手法として開発されました．データを要約するという点では，8章の主成分分析と似ていますが，アプローチが違う別の手法です．

なお，因子分析は観測変数の数が多くなるため，通常は統計ソフトを利用します．そのため，本章の説明は基本的な考え方にとどめ，基本問題ではソフトの結果を示します．

10.1 はじめに

因子分析は，学童の成積を評価しようとする問題に初めて適用されました．そこでは，いくつかの課目の成積があり，その相関関係を説明するのが潜在的な「知能因子」とされました．たとえば，四つの課目，国語・英語・数学・理科を考えるときには，潜在的な共通因子としては，文系的能力・理系的能力が考えられます．

その後，因子分析は，「潜在的な共通因子」という概念がなじむ心理学関連分野でよく用いられてきました．また，社会で広く用いられている品質管理の分野では，官能検査データの解析で用いられています．

ここでは，以下の例で因子分析の概要を説明します．

基本問題 160人の身長，体重，足の大きさ，リーダーシップと心の安定性のデータが表10.1のように与えられている．このデータから共通因子を求め，その解釈を検討せよ．また，各因子の寄与率を求め，その説明力を検証せよ．

表10.1 身長・体重・足の大きさ・リーダーシップ・心の安定性のデータ

個人	身長 [cm]	体重 [kg]	足の大きさ [cm]	リーダーシップ	心の安定性
1	151	48.5	23.5	3	3
2	142	53.0	22.0	3	3
⋮	⋮	⋮	⋮	⋮	⋮
160	192	72.0	28.0	2	3

※リーダーシップと心の安定性は5段階で評価しています．

〈解説〉 主成分分析は，多変数 $x_1, x_2, \ldots$ から主成分 $z = a_1x_1 + a_2x_2 + \cdots$ という新しい数個の変数を作る手法でした．これを図で表すと，図 10.1(a) のようになります．これに対して，因子分析は図 (b) のような図で表されます．因子分析では，まず共通因子 f を設定し，変数 $x_1, x_2, \ldots$ を f で表すことを目指します．

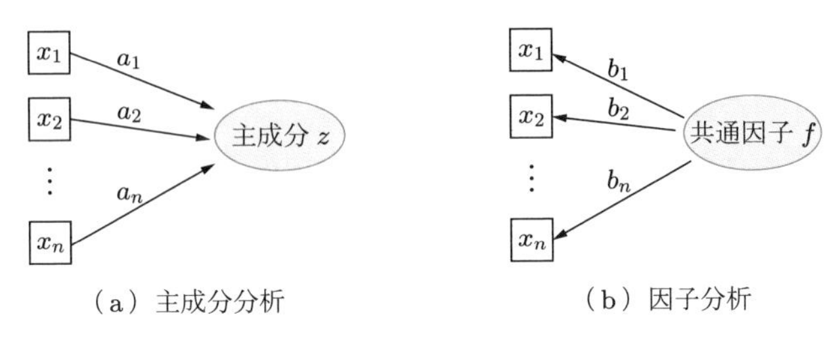

図 10.1 主成分分析と因子分析の違い

つまり，主成分析分は「変数の総合化」が目的でしたが，因子分析は「多変数の共通因子の抽出」が目的となります．分析にあたっては，共通因子によって観測変数間に相関関係が生じていると考え，それをモデル化します．

〈分析の流れ〉

Step1 データから標本相関係数行列 R を求め，行列 R の固有値を求めます．

Step2 共通因子を 2 個として考えます（実際の解析では，標本相関係数行列 R の 1 より大きい固有値の個数とするのが目安です）．

Step3 因子負荷量を推定し，因子の解釈を行います．一般には，因子負荷量がゼロに近いものと，ゼロから大きく離れるものに分離できたとき，因子の解釈が容易と考えられます．

Step4 各因子の寄与率を求めます．

Step5 因子得点を求め，サンプルの特徴付けや分類を行います．

〈基本問題の解答〉

まず，表 10.1 の個人 1 だけについて考えましょう．身長, 体重，$\cdots$，心の安定性の変数を $x_1, x_2, \ldots, x_5$ とすると，個人 1 についての変数は $x_1 = 151, \ldots, x_5 = 3$ です．共通因子が f_1, f_2 の二つだとすると，個人 1 のモデル式は次のように表されます．

$$x_1 = 151 = b_{11}f_1 + b_{12}f_2 + \varepsilon_1$$

$$\cdots$$

$$x_5 = 3 = b_{51}f_1 + b_{52}f_2 + \varepsilon_5$$

つまり，各変数が共通因子の 1 次式で表されます．この係数 $b_{11}, b_{12}, \ldots, b_{52}$ が因子負荷量です．$\varepsilon_1, \ldots, \varepsilon_5$ は共通因子では説明できない量で，変数 $x_1, \ldots, x_5$ のそれぞれに個別に現れるので独自因子とよびます．因子分析では，まずこのようにモデルを仮定し，与えられたデータから因子負荷量を推定することによって，共通因子を求めます．

以下では，統計ソフトで求めた結果を示します．

Step1～3　因子負荷量の推定量は，標本相関係数行列を使って求めることができます．表 10.1 のデータから標本相関係数行列，そして因子負荷量の推定量を求めると，表 10.2，表 10.3 のようになります．

表 10.2　標本相関係数行列 R

相関係数	身長	体重	足の大きさ	リーダーシップ	心の安定性
身長	1.000	0.788	0.854	−0.041	−0.074
体重	0.788	1.000	0.696	−0.057	0.048
足の大きさ	0.876	0.696	1.000	−0.129	−0.037
リーダーシップ	−0.041	−0.057	−0.129	1.000	0.197
心の安定性	−0.074	0.048	−0.037	0.197	1.000

表 10.3　因子負荷量

因子負荷量	共通因子	
	f_1	f_2
身長	0.947	−0.001
体重	0.807	0.119
足の大きさ	0.876	−0.046
リーダーシップ	−0.092	0.362
心の安定性	−0.040	0.529

因子負荷量がゼロに近いものと，ゼロから大きく離れるものに分離できているので，このまま因子の解釈ができます（もし，解釈が難しい場合には，因子の回転が必要になります．これについては 10.3.2 項で解説します）．

第 1 因子では，身長，体重，足の大きさの因子負荷量が高くなっているので，第 1 因子は「体の大きさ」を表現する因子と考えられます．第 2 因子では，心の安定性とリーダーシップの因子負荷量が高いので，第 2 因子は心や性格などの「人間の内面」に関する因子と考えられます．

Step4　つぎに，因子の寄与率を求めると，第 1 因子の寄与率は 0.465 であり，第 2 因子の寄与率は 0.085 です．よって，第 1 因子と第 2 因子の累積寄与率は $55(= 46.5+8.5)\%$ です．つまり，第 1 因子と第 2 因子で観測データの 55%が説明されています．もう少し高い寄与率がほしいときは，第2因子の寄与率を上昇させる観測変数を追加するといった方法があります．

Step5 最後に，各個人の共通因子の値（これを因子得点といいます）を求め，サンプルの特徴付けや分類を行います．つまり，因子得点は，主成分分析の場合の主成分得点と同じように利用します．

10.2 因子分析モデル

以下では，観測変数が3個で，潜在的な共通因子が2個の因子分析モデルを解説します．観測変数が p 個で共通因子が n 個という一般の場合も，同じ考え方で分析できます．

観測変数 x_1, x_2, x_3 の n 人のデータが表10.4で与えられているとします．

表10.4 観測変数のデータ

個人	x_1	x_2	x_3
1	x_{11}	x_{21}	x_{31}
2	x_{12}	x_{22}	x_{32}
$\vdots$	$\vdots$	$\vdots$	$\vdots$
n	x_{1n}	x_{2n}	x_{3n}

因子分析では，データは標準化するのが通常であるので，平均と標準偏差

$$\overline{x}_k = \frac{1}{n}\sum_{i=1}^{n} x_{ki}$$

$$s_k = \sqrt{\frac{1}{n-1}\sum_{i=1}^{n}(x_{ki} - \overline{x}_k)^2} \quad (k = 1, 2, 3)$$

を用いて，データを標準化します．すなわち，

$$u_{ki} = \frac{x_{ki} - \overline{x}_k}{s_k} \quad (k = 1, 2, 3, \quad i = 1, 2, \ldots, n)$$

とします．そして，二つの共通因子を f_1, f_2 とすると，因子分析モデルは

$$\begin{cases} u_{1i} = b_{11}f_{1i} + b_{12}f_{2i} + \varepsilon_{1i} \\ u_{2i} = b_{21}f_{1i} + b_{22}f_{2i} + \varepsilon_{2i} \\ u_{3i} = b_{31}f_{1i} + b_{32}f_{2i} + \varepsilon_{3i} \end{cases} \tag{10.1}$$

と表現できます．ここで，f_{1i}, f_{2i} は共通因子の個人ごとの値であり，因子得点といいます．この因子得点は個人により異なります．$b_{11}, b_{12}, \ldots, b_{32}$ は共通因子に掛かる

係数であり，個人が異なっても同じ値です．これらの係数を因子負荷量といいます．$\varepsilon_{1i}, \varepsilon_{2i}, \varepsilon_{3i}$ は共通因子では説明できない量で，独自因子とよびます．観測誤差だけでなく，各変数独自の変動も表します．

式(10.1)において，因子負荷量だけが定数であり，他の変数は以下の条件をみたしていると仮定します．

① f_1 と f_2 は平均0，分散1です．

② 独自因子 $\varepsilon_1, \varepsilon_2, \varepsilon_3$ は，それぞれの平均（期待値）は0，分散は d_1^2, d_2^2, d_3^2 です．

③ 共通因子間，独自因子間は無相関で，共通因子と独自因子間も無相関です．

因子分析モデルのもとで，解析上重要な役割を果たす母相関係数行列と因子負荷量がどう表現されるかを解説します．まず，因子負荷量を考えます．

$$u_1 = b_{11} f_1 + b_{12} f_2 + \varepsilon_1$$

の両辺に f_1 を掛けた，

$$u_1 f_1 = b_{11} f_1^2 + b_{12} f_1 f_2 + \varepsilon_1 f_1$$

について，両辺の期待値を計算しましょう．仮定③より

$$E(f_1 f_2) = E\{(f_1 - E(f_1))(f_2 - E(f_2))\} = C(f_1, f_2) = 0$$
$$E(\varepsilon_1 f_1) = E\{(\varepsilon_1 - E(\varepsilon_1))(f_1 - E(f_1))\} = C(\varepsilon_1, f_1) = 0$$

であり，$E(f_1^2) = E\{(f_1 - E(f_1))^2\} = 1$ であるので，

$$\begin{aligned} b_{11} &= E(u_1 f_1) = E\{(u_1 - E(u_1))(f_1 - E(f_1))\} \\ &= C(u_1, f_1) = \frac{C(u_1, f_1)}{\sqrt{V(u_1)V(f_1)}} = \rho_{u_1 f_1} \end{aligned}$$

が得られます．同様にして，

$$b_{12} = E(u_1 f_2) = \rho_{u_1 f_2}$$

であるので，因子負荷量 b_{kh} は，変数 u_k と共通因子 f_h との母相関係数となります．

つぎに，

$$\Pi = \begin{pmatrix} 1 & \rho_{12} & \rho_{13} \\ \rho_{12} & 1 & \rho_{23} \\ \rho_{13} & \rho_{23} & 1 \end{pmatrix}$$

で定義される母相関係数行列の表現を考えましょう．まず，

$$\rho_{kh} = \frac{C(u_k, u_h)}{\sqrt{V(u_k)V(u_h)}} = C(u_k, u_h)$$

であるので，変数 u の分散と共分散の表現を検証しましょう．分散は，2 章の式 (2.11), (2.15) より，

$$\begin{aligned} V(u_1) &= V(b_{11}f_1 + b_{12}f_2 + \varepsilon_1) = b_{11}^2 V(f_1) + b_{12}^2 V(f_2) + V(\varepsilon_1) \\ &= b_{11}^2 + b_{12}^2 + d_1^2 = 1 \end{aligned}$$

であるので，

$$V(u_k) = b_{k1}^2 + b_{k2}^2 + d_k^2 = 1 \quad (k = 1, 2, 3) \tag{10.2}$$

が成立します．共分散は，

$$\begin{aligned} C(u_k, u_h) &= C(b_{k1}f_1 + b_{k2}f_2 + \varepsilon_k, b_{h1}f_1 + b_{h2}f_2 + \varepsilon_h) \\ &= b_{k1}b_{h1}E(f_1^2) + b_{k2}b_{h2}E(f_2^2) \\ &= b_{k1}b_{h1} + b_{k2}b_{h2} \quad (k, h = 1, 2, 3) \end{aligned} \tag{10.3}$$

です．よって，母相関係数行列 Π は，式 (10.2), (10.3) より次式のようになります．

$$\begin{aligned} \Pi &= \begin{pmatrix} 1 & \rho_{12} & \rho_{13} \\ \rho_{12} & 1 & \rho_{23} \\ \rho_{13} & \rho_{23} & 1 \end{pmatrix} \\ &= \begin{pmatrix} b_{11}^2 + b_{12}^2 & b_{11}b_{21} + b_{12}b_{22} & b_{11}b_{31} + b_{12}b_{32} \\ b_{21}b_{11} + b_{22}b_{12} & b_{21}^2 + b_{22}^2 & b_{21}b_{31} + b_{22}b_{32} \\ b_{31}b_{11} + b_{32}b_{12} & b_{31}b_{21} + b_{32}b_{22} & b_{31}^2 + b_{32}^2 \end{pmatrix} \\ &\quad + \begin{pmatrix} d_1^2 & 0 & 0 \\ 0 & d_2^2 & 0 \\ 0 & 0 & d_3^2 \end{pmatrix} \end{aligned} \tag{10.4}$$

ここで，

$$B = \begin{pmatrix} b_{11} & b_{12} \\ b_{21} & b_{22} \\ b_{31} & b_{32} \end{pmatrix}, \quad D = \begin{pmatrix} d_1^2 & 0 & 0 \\ 0 & d_2^2 & 0 \\ 0 & 0 & d_3^2 \end{pmatrix}$$

とおくと，式 (10.4) は

$$\Pi = BB^T + D \tag{10.5}$$

となります．上式の (k,k) 要素は

$$1 = b_{k1}^2 + b_{k2}^2 + d_k^2$$

であるので，

$$h_k^2 = b_{k1}^2 + b_{k2}^2 \quad (k = 1, 2, 3)$$

とおくと，

$$h_k^2 = 1 - d_k^2 \tag{10.6}$$

が得られます．この h_k^2 は，変数 u_k の変動のうち共通因子によって説明できる部分を表しているので，変数 u_k の共通性とよびます．それに対して，d_k^2 は共通因子によって説明できない部分のばらつきの大きさなので，独自性といいます．

10.3 解析手順

前節から引き続き，共通因子を 2 個として説明します．実際の解析では，標本相関係数行列 R（または $\widehat{\Pi}$ と書きます）の，1 より大きい固有値の個数とするのが目安です（これは主成分の選択のときにも用いた目安です）．

10.3.1 共通性の推定

因子分析では，共通性の推定（因子負荷量の推定）が重要です．前節より，

$$\Pi - D = \begin{pmatrix} 1-d_1^2 & \rho_{12} & \rho_{13} \\ \rho_{12} & 1-d_2^2 & \rho_{23} \\ \rho_{13} & \rho_{23} & 1-d_3^2 \end{pmatrix} = \begin{pmatrix} h_1^2 & \rho_{12} & \rho_{13} \\ \rho_{12} & h_2^2 & \rho_{23} \\ \rho_{13} & \rho_{23} & h_3^2 \end{pmatrix}$$

です．変数 u_k と u_h の標本相関係数は r_{kh} であるので，$\Pi - D$ の非対角要素は

$$\widehat{\rho}_{kh} = r_{kh}$$

で推定します．

つぎに，対角要素の共通性の推定ですが，一つの方法として，$h_1^2 = 1 - d_1^2$ の推定量として，「目的変数を u_1，説明変数を u_2, u_3, u_4 としたときの重回帰分析における寄与率」を用いることがあります．同様にして，$h_2^2 = 1 - d_2^2$ の推定量として，「目的変数を u_2，説明変数を u_1, u_3, u_4 としたときの重回帰分析における寄与率」を用います．以下同様にして，$h_k^2 = 1 - d_k^2$ の推定量を求めます．しかし，精度はあまりよくありません．

そこで，いま求めた $\Pi - D$ の推定量 $\widehat{\Pi - D}$ の固有値を求めると，1より大きい固有値は2個となります．そして，主固有値を λ_1，第2固有値を λ_2 とし，それらに対応する，要素の2乗和が1の固有ベクトルを $\boldsymbol{c}_1 = (c_{11}, c_{21}, c_{31})^T, \boldsymbol{c}_2 = (c_{12}, c_{22}, c_{32})$ とします．このとき，因子負荷量の行列 B を

$$\widehat{B} = \begin{pmatrix} \sqrt{\lambda_1}c_{11} & \sqrt{\lambda_2}c_{12} \\ \sqrt{\lambda_1}c_{21} & \sqrt{\lambda_2}c_{22} \\ \sqrt{\lambda_1}c_{31} & \sqrt{\lambda_2}c_{32} \end{pmatrix} \tag{10.7}$$

で推定します（これに関しては，主成分分析の8.3.3項の因子負荷量のところを参照してください）．そして，$\widehat{\Pi - D}$ の対角要素を $\widehat{B}\widehat{B}^T$ の対角要素でおきかえた行列を $\widehat{\widehat{\Pi - D}}$ とします．つぎに，$\widehat{\widehat{\Pi - D}}$ の固有値と対応する，要素の2乗和が1の固有ベクトルを求め，再び式(10.7)と同様にして行列 B を推定し，その行列を $\widehat{\widehat{B}}$ とおきます．さらに，$\widehat{\widehat{B}}\widehat{\widehat{B}}^T$ の対角要素で $\widehat{\widehat{\Pi - D}}$ の対角要素をおきかえた行列を $\widehat{\widehat{\widehat{\Pi - D}}}$ とおきます．この手順を $\widehat{\widehat{B}}\widehat{\widehat{B}}^T$ の対角要素の変動がなくなるまで実行します．この反復推定で求められた行列 B の推定量を今後 $\widehat{B}$ とおきます．よって，この $\widehat{B}$ を用いて $\widehat{B}\widehat{B}^T$ を計算すると，この対角要素が共通性の推定量となります．

10.3.2 回転の不変性

前項の手順で因子負荷量を推定しても，因子の解釈が難しい場合があります．そのような場合に因子を回転すると，解釈が容易になることがあります．この節では，共通性の推定値が回転に対して不変であることを示します．

点 $\boldsymbol{x} = \begin{pmatrix} r\cos\alpha \\ r\sin\alpha \end{pmatrix}$ を θ 回転すると，回転後の点 $\begin{pmatrix} X \\ Y \end{pmatrix}$ は

$$X = r\cos(\alpha + \theta) = r\cos\alpha\cos\theta - r\sin\alpha\sin\theta$$

$$Y = r\sin(\alpha + \theta) = r\cos\alpha\sin\theta + r\sin\alpha\cos\theta$$

となるので，行列表示すると

$$\begin{pmatrix} X \\ Y \end{pmatrix} = \begin{pmatrix} \cos\theta & -\sin\theta \\ \sin\theta & \cos\theta \end{pmatrix} \begin{pmatrix} r\cos\alpha \\ r\sin\alpha \end{pmatrix}$$

が得られます．よって，回転を表す行列は

$$T = \begin{pmatrix} \cos\theta & -\sin\theta \\ \sin\theta & \cos\theta \end{pmatrix}$$

であり，逆行列 T^{-1} は $-\theta$ 回転を施す行列であるので，

$$T^{-1} = \begin{pmatrix} \cos(-\theta) & -\sin(-\theta) \\ \sin(-\theta) & \cos(-\theta) \end{pmatrix} = \begin{pmatrix} \cos\theta & \sin\theta \\ -\sin\theta & \cos\theta \end{pmatrix} = T^T$$

が成立します．よって，回転を表す行列 T は

$$TT^T = T^T T = I$$

をみたすので，T は直交行列です．$\widehat{B}^* = \widehat{B}T^T$ とおくと

$$\widehat{B}^* \widehat{B}^{*T} = \widehat{B}T^T(\widehat{B}T^T)^T = \widehat{B}T^T T \widehat{B}^T = \widehat{B}\widehat{B}^T \tag{10.8}$$

が成立します．ここで，$\widehat{B}^* = (\widehat{b}^*_{kh})$ とおきます．

いま，T を用いると，

$$\begin{aligned} u_{1i} &= b_{11} f_{1i} + b_{12} f_{2i} + \varepsilon_{1i} = \begin{pmatrix} b_{11} & b_{12} \end{pmatrix} \begin{pmatrix} f_{1i} \\ f_{2i} \end{pmatrix} + \varepsilon_{1i} \\ &= \begin{pmatrix} b_{11} & b_{12} \end{pmatrix} T^T T \begin{pmatrix} f_{1i} \\ f_{2i} \end{pmatrix} + \varepsilon_{1i} = \begin{pmatrix} b^*_{11} & b^*_{12} \end{pmatrix} \begin{pmatrix} f^*_{1i} \\ f^*_{2i} \end{pmatrix} + \varepsilon_{1i} \end{aligned}$$

と書けます．ここで，$\begin{pmatrix} b_{11} & b_{12} \end{pmatrix} T^T = \begin{pmatrix} b^*_{11} & b^*_{12} \end{pmatrix}$, $T\begin{pmatrix} f_{1i} & f_{2i} \end{pmatrix}^T = \begin{pmatrix} f^*_{1i} & f^*_{2i} \end{pmatrix}$ です．よって，

$$u_{1i} = b^*_{11} f^*_{1i} + b^*_{12} f^*_{2i} + \varepsilon_{1i}$$

であり，回転後の f^*_1, f^*_2 と $\varepsilon_1, \varepsilon_2, \varepsilon_3$ の間にも，回転前の f_1, f_2 と $\varepsilon_1, \varepsilon_2, \varepsilon_3$ の間の仮定①～③が成立しています．よって，

$$b^*_{11} = \rho_{u_1 f^*_1}, \quad b^*_{12} = \rho_{u_1 f^*_2}$$

が成立します．

回転後の u_k の共通性の推定値は

$$\widehat{b^*}^2_{k1} + \widehat{b^*}^2_{k2}$$

であり，式 (10.8) より

$$\widehat{b^*}^2_{k1} + \widehat{b^*}^2_{k2} = \widehat{b}^2_{k1} + \widehat{b}^2_{k2} \tag{10.9}$$

が成立するので，u_k の共通性の推定値は回転に対して不変です．

以上のように，回転は不変性をもつので，任意の回転を施しても構いません．実際の解析では，因子の解釈が容易になるように回転を施すことが重要です．「因子の解釈

が容易である」というのは主観的な判断ですが，一般的には因子負荷量がゼロに近いものと，ゼロから大きく離れるものに分離できたとき，解釈が容易と考えられます．

10.4 因子の寄与率

観測変数の総変動は

$$V(u_1)+V(u_2)+V(u_3)=3$$

です．各因子の寄与率を，その因子に掛かっている因子負荷量の推定値の 2 乗和を観測変数の総変動で割った量で定義します．すなわち，

$$f_1^* \text{ の寄与率} = \frac{\widehat{b^*}_{11}^2+\widehat{b^*}_{21}^2+\widehat{b^*}_{31}^2}{3}$$

$$f_2^* \text{ の寄与率} = \frac{\widehat{b^*}_{12}^2+\widehat{b^*}_{22}^2+\widehat{b^*}_{32}^2}{3}$$

であり，累積寄与率（すべての共通因子の寄与率の和）は，式 (10.9) より

$$\text{累積寄与率} = \frac{\widehat{h}_1^2+\widehat{h}_2^2+\widehat{h}_3^2}{3}$$

と表現できます．

共通性は回転に対して不変ですので，累積寄与率も回転に対して不変となります．

10.5 因子得点の推定

最後に，因子得点を推定します．

$$\widehat{f_1^*}=\widehat{\beta}_{11}u_1+\widehat{\beta}_{12}u_2+\widehat{\beta}_{13}u_3 \tag{10.10}$$

として，最小 2 乗法により係数 $\widehat{\beta}_{11},\widehat{\beta}_{12},\widehat{\beta}_{13}$ を求めれば，式 (10.10) を用いて $\widehat{f_1^*}$ が求められます．

同様にして，

$$\widehat{f_2^*}=\widehat{\beta}_{21}u_1+\widehat{\beta}_{22}u_2+\widehat{\beta}_{23}u_3 \tag{10.11}$$

において，最小 2 乗法より $\widehat{\beta}_{21},\widehat{\beta}_{22},\widehat{\beta}_{23}$ を求めれば，式 (10.11) より $\widehat{f_2^*}$ が求められます．

式 (10.10) の回帰係数の推定方法を示します．重回帰分析のときと同様にして，最小 2 乗法より

$$\begin{pmatrix} \widehat{\beta}_{11} \\ \widehat{\beta}_{12} \\ \widehat{\beta}_{13} \end{pmatrix} = \begin{pmatrix} S_{11} & S_{12} & S_{13} \\ S_{12} & S_{22} & S_{23} \\ S_{13} & S_{23} & S_{33} \end{pmatrix}^{-1} \begin{pmatrix} S_{1f_1^*} \\ S_{2f_1^*} \\ S_{3f_1^*} \end{pmatrix} \tag{10.12}$$

が得られます．ここで，

$$S_{kh} = \sum_{i=1}^{n} u_{ki} u_{hi} = (n-1) r_{kh}$$

であり，かつ

$$S_{kf_1^*} = \sum_{i=1}^{n} u_{ki} f_{1i}^* = (n-1) \widehat{\rho}_{u_k f_1^*} = (n-1) \widehat{b^*}_{k1}$$

であるので，因子負荷量の推定値を用いて，式 (10.12) に

$$S_{kh} = (n-1) r_{kh}, \quad S_{kf_1^*} = (n-1) \widehat{b^*}_{k1}$$

を代入すれば，回帰係数 $(\widehat{\beta}_{11}, \widehat{\beta}_{12}, \widehat{\beta}_{13})$ が求められます．よって，その値と各 u_k の観測値を式 (10.10) に代入すれば，因子得点 $\widehat{f_1^*}$ が求められます．$\widehat{f_2^*}$ についても同様です．

付　録

A.1　2次元正規分布

2.3節で定義した分散共分散行列 Σ の行列式と逆行列を計算しましょう．

式 (3.4) より，$\Sigma = \begin{pmatrix} \sigma_x^2 & \rho_{xy}\sigma_x\sigma_y \\ \rho_{xy}\sigma_x\sigma_y & \sigma_y^2 \end{pmatrix}$ の行列式は

$$|\Sigma| = \sigma_x^2\sigma_y^2 - \rho_{xy}^2\sigma_x^2\sigma_y^2 = \sigma_x^2\sigma_y^2(1-\rho_{xy}^2)$$

となります．よって，2章の式 (2.18) で与えられる2次元正規分布の同時確率密度関数

$$f(x,y) = \frac{1}{2\pi\sqrt{1-\rho_{xy}^2}\sigma_x\sigma_y}\exp\left[-\frac{1}{2}D^2\right]$$

における，$\exp\left[-\frac{1}{2}D^2\right]$ の前の定数の分母は，

$$2\pi\sqrt{1-\rho_{xy}^2}\sigma_x\sigma_y = (\sqrt{2\pi})^2|\Sigma|^{1/2}$$

と表現できます．

つぎに，式 (2.19) の表現を考えましょう．$A = \begin{pmatrix} a_{11} & a_{12} \\ a_{21} & a_{22} \end{pmatrix}$ の逆行列 A^{-1} は

$$A^{-1} = \frac{1}{|A|}\begin{pmatrix} a_{22} & -a_{12} \\ -a_{21} & a_{11} \end{pmatrix}$$

であるので，分散共分散行列の逆行列は

$$\begin{aligned}\Sigma^{-1} &= \frac{1}{|\Sigma|}\begin{pmatrix} \sigma_y^2 & -\rho_{xy}\sigma_x\sigma_y \\ -\rho_{xy}\sigma_x\sigma_y & \sigma_x^2 \end{pmatrix} \\ &= \frac{1}{\sigma_x^2\sigma_y^2(1-\rho_{xy}^2)}\begin{pmatrix} \sigma_y^2 & -\rho_{xy}\sigma_x\sigma_y \\ -\rho_{xy}\sigma_x\sigma_y & \sigma_x^2 \end{pmatrix}\end{aligned}$$

となります．よって，

$$(x-\mu_x, y-\mu_y)\Sigma^{-1}\begin{pmatrix} x-\mu_x \\ y-\mu_y \end{pmatrix}$$

$$
\begin{aligned}
&= \frac{1}{\sigma_x^2\sigma_y^2(1-\rho_{xy}^2)}\{\sigma_y^2(x-\mu_x)^2 - \rho_{xy}\sigma_x\sigma_y(x-\mu_x)(y-\mu_y) \\
&\quad - \rho_{xy}\sigma_x\sigma_y(y-\mu_y)(x-\mu_x) + \sigma_x^2(y-\mu_y)^2\} \\
&= \frac{1}{1-\rho_{xy}^2}\left\{\frac{(x-\mu_x)^2}{\sigma_x^2} - 2\rho_{xy}\frac{(x-\mu_x)(y-\mu_y)}{\sigma_x\sigma_y} + \frac{(y-\mu_y)^2}{\sigma_y^2}\right\}
\end{aligned}
$$

であるので，式 (2.19) は

$$
D^2 = (x-\mu_x, y-\mu_y)\Sigma^{-1}\begin{pmatrix} x-\mu_x \\ y-\mu_y \end{pmatrix}
$$

と表現できます．

したがって，2 次元正規分布の同時確率密度関数（式 (2.18)）$f(x,y)$ は，式 (2.21) のように

$$
f(x,y) = \frac{1}{(\sqrt{2\pi})^2\sqrt{|\Sigma|}}\exp\left[-\frac{1}{2}(\boldsymbol{x}-\boldsymbol{\mu})^T\Sigma^{-1}(\boldsymbol{x}-\boldsymbol{\mu})\right]
$$

と表現できます．ここで，

$$
\boldsymbol{x}-\boldsymbol{\mu} = \begin{pmatrix} x-\mu_x \\ y-\mu_y \end{pmatrix}
$$

です．

A.2 勾配ベクトルの性質

ここでは，勾配ベクトルの性質を用いて，3.2 節の定理 3.1 の証明を行います．

A.2.1 はじめに

関数 $f(x)$ の形を知るのに，$f(x)$ の導関数 $f'(x)$ と 2 次の導関数 $f''(x)$ は重要です．導関数 $f'(x)$ と $f''(x)$ を用いると，テイラー展開（マクローリン展開）は

$$
f(x) = f(0) + f'(0)x + \frac{f''(\theta x)}{2!}x^2 \tag{A.1}
$$

で与えられます．ここで，$0 < \theta < 1$ です．このテイラー展開は，勾配ベクトルの性質を調べるときに重要なはたらきをします．

多変数関数の導関数（偏導関数）と 2 次の偏導関数に関する性質を，次項で解説します．

A.2.2 勾配ベクトルに関する定理の証明

定理 3.1 の証明を与えます．2 次の偏導関数は

$$
\begin{aligned}
f_{xx}(x,y) &= \frac{\partial}{\partial x} f_x(x,y) = \frac{\partial^2}{\partial x^2} f(x,y) \\
f_{xy}(x,y) &= \frac{\partial}{\partial y} f_x(x,y) = \frac{\partial^2}{\partial y \partial x} f(x,y) \\
f_{yx}(x,y) &= \frac{\partial}{\partial x} f_y(x,y) = \frac{\partial^2}{\partial x \partial y} f(x,y) \\
f_{yy}(x,y) &= \frac{\partial}{\partial y} f_y(x,y) = \frac{\partial^2}{\partial y^2} f(x,y)
\end{aligned}
$$

で与えられますが，一般に

$$
f_{xy}(x,y) \neq f_{yx}(x,y)
$$

です．すなわち，微分をする順序に影響を受けるのですが，つぎの定理が成立します．

定理 A.1 $f(x,y)$ において，$f_{xy}(x,y)$ と $f_{yx}(x,y)$ が存在して，$f_{xy}(x,y)$ と $f_{yx}(x,y)$ が連続ならば，$f_{xy}(x,y) = f_{yx}(x,y)$ が成り立つ．

上記の定理によると，2 次の偏導関数が連続関数ならば，微分をする順序には影響を受けないことが保証されています．

2 次の偏導関数に対して，行列

$$
H_f(x,y) = \begin{pmatrix} f_{xx}(x,y) & f_{xy}(x,y) \\ f_{yx}(x,y) & f_{yy}(x,y) \end{pmatrix}
$$

はヘッセの行列とよばれています．

また，勾配ベクトル $\nabla f(x,y)$ の性質を調べるために，合成関数

$$
\begin{aligned}
& h(t) = f(p(t), q(t)) = f(x,y) \\
& x = p(t), \quad y = q(t)
\end{aligned}
$$

の微分に関する性質を述べておきます．

定理 A.2 合成関数 $h(t) = f(p(t), q(t)) = f(x,y)$ $(x = p(t), y = q(t))$ の導関数は，

$$
h'(t) = f_x(x,y)\frac{dx}{dt} + f_y(x,y)\frac{dy}{dt} = \frac{\partial}{\partial x} f(x,y)\frac{dx}{dt} + \frac{\partial}{\partial y} f(x,y)\frac{dy}{dt}
$$

で与えられる．

関数 $f(x,y)$ が点 (a,b) からベクトル $\begin{pmatrix} h \\ k \end{pmatrix}$ の方向に t ステップ移動したとき，関数 $f(x,y)$ の値がどう変化するかを調べましょう．これは，$f(a+th, b+tk)$ の値が $f(a,b)$ の値からどう変化するかをみればわかります．

合成関数 $h(t) = f(a+th, b+tk)$ に式 (A.1) で与えたテイラー展開を適用します．すなわち，

$$h(t) = h(0) + th'(0) + \frac{t^2}{2}h''(\theta t)$$

であるので，合成関数 $h(t)$ の導関数 $h'(t), h''(t)$ が必要になります．ここで，

$$h(t) = f(a+th, b+tk) = f(x,y) \quad (x = a+th, \quad y = b+tk)$$

であるので，定理 A.2 より

$$\begin{aligned}
h'(t) &= f_x(x,y)\frac{dx}{dt} + f_y(x,y)\frac{dy}{dt} = f_x(x,y)h + f_y(x,y)k \\
&= \begin{pmatrix} f_x(x,y) & f_y(x,y) \end{pmatrix} \begin{pmatrix} h \\ k \end{pmatrix} = \nabla f(x,y)^T \begin{pmatrix} h \\ k \end{pmatrix} \\
h''(t) &= \frac{d}{dt}h'(t) = \left(f_{xx}(x,y)\frac{dx}{dt} + f_{xy}(x,y)\frac{dy}{dt} \right) h \\
&\quad + \left(f_{yx}(x,y)\frac{dx}{dt} + f_{yy}(x,y)\frac{dy}{dt} \right) k \\
&= f_{xx}(x,y)h^2 + f_{xy}(x,y)hk + f_{yx}(x,y)kh + f_{yy}(x,y)k^2 \\
&= \begin{pmatrix} h & k \end{pmatrix} \begin{pmatrix} f_{xx} & f_{xy} \\ f_{yx} & f_{yy} \end{pmatrix} \begin{pmatrix} h \\ k \end{pmatrix} = \begin{pmatrix} h & k \end{pmatrix} H_f(x,y) \begin{pmatrix} h \\ k \end{pmatrix}
\end{aligned}$$

が得られます．よって，

$$\begin{aligned}
f(a+th, b+tk) &= f(a,b) + t\nabla f(a,b)^T \begin{pmatrix} h \\ k \end{pmatrix} \\
&\qquad + \frac{t^2}{2} \begin{pmatrix} h & k \end{pmatrix} H_f(a+\theta th, b+\theta tk) \begin{pmatrix} h \\ k \end{pmatrix}
\end{aligned}$$

となります．ここで，t が十分 0 に近い正数とすると，上式の右辺の第 3 項は無視できるので（t が 0 に十分近いので，t^2 は無視できるからです），近似的に

$$f(a+th, b+tk) = f(a,b) + t\nabla f(a,b)^T \begin{pmatrix} h \\ k \end{pmatrix} \tag{A.2}$$

が成り立ちます．

式 (A.2) を用いて，勾配ベクトル $\nabla f(a,b)$ の性質を調べましょう．$f(x,y)$ が点 (a,b) から，方向ベクトル $\begin{pmatrix} h \\ k \end{pmatrix}$ の方向に t ステップだけ微小移動すると，近似的に式 (A.2) が成立します．ここで，$t > 0$ とします．

もし，$\nabla f(a,b) \neq \mathbf{0}$ であるとすると，微小移動する方向ベクトルと勾配ベクトル $\nabla f(a,b)$ のなす角が 90° 以内のとき，式 (A.2) の右辺の第 2 項は正です．なぜなら，$\nabla(a,b)^T \begin{pmatrix} h \\ k \end{pmatrix}$ は $\nabla f(a,b)$ と方向ベクトル $\begin{pmatrix} h \\ k \end{pmatrix}$ の内積であり，方向ベクトルと $\nabla f(a,b)$ のなす角が 90° 以内にあるので，その内積は正だからです．よって，

$$f(a+th, b+tk) > f(a,b)$$

となります．また，方向ベクトル $\begin{pmatrix} h \\ k \end{pmatrix}$ と $-\nabla f(a,b)$ のなす角が 90° 以内であれば，すなわち勾配ベクトルの反対方向の 90° 以内に微小移動するときは，式 (A.2) の右辺の第 2 項は負となるので，

$$f(a+th, b+tk) < f(a,b)$$

となり，$f(x,y)$ は点 (a,b) で極大値または極小値（つまり極値）をとりません．

ゆえに，$f(x,y)$ が点 (a,b) で極値をとれば，

$$\nabla f(a,b) = \mathbf{0}$$

でなければならないことがわかります．

以上により，定理 3.1 が証明されました．

演習問題の解答

2章

2.1　解表1のような補助表を作成する．

解表1　補助表

i	x_i	y_i	$x_i-\overline{x}$	$y_i-\overline{y}$	$(x_i-\overline{x})^2$	$(y_i-\overline{y})^2$	$(x_i-\overline{x})(y_i-\overline{y})$
1	30	60	−25	−18	625	324	450
2	35	100	−20	22	400	484	−440
3	30	30	−25	−48	625	2304	1200
4	80	100	25	22	625	484	550
5	65	100	10	22	100	484	220
6	100	100	45	22	2025	484	990
7	90	100	35	22	1225	484	770
8	70	65	15	−13	225	169	−195
9	25	80	−30	2	900	4	−60
10	25	45	−30	−33	900	1089	990
計	550	780	0	0	7650	6310	4475

$\overline{x}=55$　　$\overline{y}=78$

補助表より，

$$\overline{x}=55,\quad \overline{y}=78,\quad S_{xx}=7650,\quad S_{yy}=6310,\quad S_{xy}=4475$$

であるので，微分積分学と多変量解析の平均点はそれぞれ55点，78点である．また，標準偏差 s_x, s_y と変動係数 v_x, v_y は

$$s_x=\sqrt{\frac{7650}{9}}=29.15,\quad v_x=\frac{29.2}{55}=0.531$$

$$s_y=\sqrt{\frac{6310}{9}}=26.48,\quad v_y=\frac{26.5}{78}=0.340$$

である．変数 x と y の共分散は

$$C_{xy}=\frac{4475}{9}=497.22$$

であるので，相関係数は

$$r_{xy}=\frac{497.22}{29.15\times 26.48}=0.644$$

である．

2.2 同時確率密度関数 $f(x,y)$ は，式 (2.21) より

$$f(x,y) = \frac{1}{2\pi\sqrt{1-\rho_{xy}^2}\sigma_x\sigma_y} \exp\left[-\frac{1}{2(1-\rho_{xy}^2)}\left\{\frac{(x-\mu_x)^2}{\sigma_x^2} - 2\rho_{xy}\frac{(x-\mu_x)(y-\mu_y)}{\sigma_x\sigma_y} + \frac{(y-\mu_y)^2}{\sigma_y^2}\right\}\right]$$

と表現できるので，変数 x の周辺分布は

$$\begin{aligned}
f(x) &= \int_{-\infty}^{\infty} f(x,y)dy \\
&= \frac{1}{2\pi\sqrt{1-\rho_{xy}^2}\sigma_x\sigma_y} \int_{-\infty}^{\infty} \exp\left[-\frac{1}{2(1-\rho_{xy}^2)}\left\{\frac{(x-\mu_x)^2}{\sigma_x^2} \right.\right. \\
&\qquad \left.\left. - 2\rho_{xy}\frac{(x-\mu_x)(y-\mu_y)}{\sigma_x\sigma_y} + \frac{(y-\mu_y)^2}{\sigma_y^2}\right\}\right] dy \\
&= \frac{1}{\sqrt{2\pi}\sigma_x} \int_{-\infty}^{\infty} \frac{1}{\sqrt{2\pi}\sqrt{1-\rho_{xy}^2}\sigma_y} \exp\left[-\frac{1}{2(1-\rho_{xy}^2)}\left\{\frac{(y-\mu_y)^2}{\sigma_y^2} \right.\right. \\
&\qquad - \frac{2\rho_{xy}(x-\mu_x)(y-\mu_y)}{\sigma_x\sigma_y} + \frac{\rho_{xy}^2(x-\mu_x)^2}{\sigma_x^2} \\
&\qquad \left.\left. + \frac{(1-\rho_{xy}^2)(x-\mu_x)^2}{\sigma_x^2}\right\}\right] dy
\end{aligned}$$

となる．ここで，上式の exp[ ] とその第 4 項を $\int_{-\infty}^{\infty}$ の外へ出すと，

$$\begin{aligned}
&= \frac{1}{\sqrt{2\pi}\sigma_x} \exp\left\{-\frac{(x-\mu_x)^2}{2\sigma_x^2}\right\} \int_{-\infty}^{\infty} \frac{1}{\sqrt{2\pi}\sqrt{1-\rho_{xy}^2}\sigma_y} \\
&\qquad \times \exp\left[-\frac{1}{2(1-\rho_{xy}^2)\sigma_y^2}\left\{(y-\mu_y)^2 - 2\rho_{xy}\frac{\sigma_y}{\sigma_x}(x-\mu_x)(y-\mu_y) \right.\right. \\
&\qquad \left.\left. + \rho_{xy}^2\frac{\sigma_y^2}{\sigma_x^2}(x-\mu_x)^2\right\}\right] dy \\
&= \frac{1}{\sqrt{2\pi}\sigma_x} \exp\left[-\frac{(x-\mu_x)^2}{2\sigma_x^2}\right] \int_{-\infty}^{\infty} \frac{1}{\sqrt{2\pi}\sqrt{1-\rho_{xy}^2}\sigma_y} \\
&\qquad \times \exp\left[-\frac{1}{2(1-\rho_{xy}^2)\sigma_y^2}\left\{(y-\mu_y) - \rho_{xy}\frac{\sigma_y}{\sigma_x}(x-\mu_x)\right\}^2\right] dy
\end{aligned}$$

であり，上式の積分は $N\left(\mu_y + \rho_{xy}\frac{\sigma_y}{\sigma_x}(x-\mu_x), (1-\rho_{xy}^2)\sigma_y^2\right)$ の確率密度関数を $-\infty$ から ∞ まで積分したものであるから，その値は 1 である．ゆえに，

$$f(x) = \int_{-\infty}^{\infty} f(x,y)dy = \frac{1}{\sqrt{2\pi}\sigma_x} \exp\left[-\frac{(x-\mu_x)^2}{2\sigma_x^2}\right]$$

を得る．

したがって，変数 x の周辺分布は，平均 μ_x，分散 σ_x^2 の正規分布 $N(\mu_x, \sigma_x^2)$ に従っている．同様に計算すると，変数 y の周辺分布は $N(\mu_y, \sigma_y^2)$ に従うことがわかる．

3章

3.1 固有方程式は

$$|A-\lambda I| = \begin{vmatrix} 1-\lambda & \alpha & \beta \\ \alpha & 1-\lambda & 0 \\ \beta & 0 & 1-\lambda \end{vmatrix} = (1-\lambda)^3 - \beta^2(1-\lambda) - \alpha^2(1-\lambda)$$

$$= (1-\lambda)\{(1-\lambda)^2 - (\alpha^2+\beta^2)\} = 0$$

であるので，$\gamma = \sqrt{\alpha^2+\beta^2}$ とおくと，固有値は大きい順に

$$\lambda_1 = 1+\gamma, \quad \lambda_2 = 1, \quad \lambda_3 = 1-\gamma$$

である．

$\lambda_1 = 1+\gamma$ に対応する，要素の 2 乗和が 1 の固有ベクトル $\boldsymbol{x} = (x_1, x_2, x_3)^T$ を求める．すなわち，$\boldsymbol{x}$ は

$$\begin{pmatrix} 1 & \alpha & \beta \\ \alpha & 1 & 0 \\ \beta & 0 & 1 \end{pmatrix} \begin{pmatrix} x_1 \\ x_2 \\ x_3 \end{pmatrix} = (1+\gamma) \begin{pmatrix} x_1 \\ x_2 \\ x_3 \end{pmatrix}$$

をみたしているので，

$$\begin{cases} x_1 + \alpha x_2 + \beta x_3 = (1+\gamma)x_1 \\ \alpha x_1 + x_2 = (1+\gamma)x_2 \\ \beta x_1 + x_3 = (1+\gamma)x_3 \end{cases}$$

である．上式の 2 式目より

$$x_2 = \frac{\alpha}{\gamma}x_1$$

であり，また 3 式目より

$$x_3 = \frac{\beta}{\gamma}x_1$$

であるので，

$$x_1 : x_2 : x_3 = \gamma : \alpha : \beta$$

を得る．ところで，$x_1^2 + x_2^2 + x_3^2 = 1$ であるので

$$\sqrt{\gamma^2+\alpha^2+\beta^2} = \sqrt{2\gamma^2} = \sqrt{2}\gamma$$

を用いて，$\lambda_1 = 1+\gamma$ に対応する固有ベクトルは

$$\boldsymbol{x} = \begin{pmatrix} \dfrac{1}{\sqrt{2}} \\ \dfrac{\alpha}{\sqrt{2}\gamma} \\ \dfrac{\beta}{\sqrt{2}\gamma} \end{pmatrix}$$

となる．

つぎに，$\lambda_2 = 1$ に対応する，要素の 2 乗和が 1 の固有ベクトル $\boldsymbol{y} = (y_1, y_2, y_3)^T$ を求めよう．すなわち，$\boldsymbol{y}$ は

$$\begin{pmatrix} 1 & \alpha & \beta \\ \alpha & 1 & 0 \\ \beta & 0 & 1 \end{pmatrix} \begin{pmatrix} y_1 \\ y_2 \\ y_3 \end{pmatrix} = \begin{pmatrix} y_1 \\ y_2 \\ y_3 \end{pmatrix}$$

をみたしているので，上式の 2 本目または 3 本目より

$$y_1 = 0$$

である．よって，1 本目より

$$\alpha y_2 + \beta y_3 = 0$$

であるので

$$y_1 : y_2 : y_3 = 0 : \beta : -\alpha$$

を得る．ここで，$y_1^2 + y_2^2 + y_3^2 = 1$ であるので，$\lambda_2 = 1$ に対応する固有ベクトルは，$\sqrt{0^2 + \beta^2 + \alpha^2} = \gamma$ を用いて，

$$\boldsymbol{y} = \begin{pmatrix} 0 \\ \dfrac{\beta}{\gamma} \\ -\dfrac{\alpha}{\gamma} \end{pmatrix}$$

となる．

最後に，$\lambda_3 = 1 - \gamma$ に対応する，要素の 2 乗和が 1 の固有ベクトル $\boldsymbol{z} = (z_1, z_2, z_3)^T$ を求める．すなわち，$\boldsymbol{z}$ は

$$\begin{pmatrix} 1 & \alpha & \beta \\ \alpha & 1 & 0 \\ \beta & 0 & 1 \end{pmatrix} \begin{pmatrix} z_1 \\ z_2 \\ z_3 \end{pmatrix} = (1-\gamma) \begin{pmatrix} z_1 \\ z_2 \\ z_3 \end{pmatrix}$$

をみたしているので，上式の 2 本目より

$$z_2 = -\frac{\alpha}{\gamma} z_1$$

であり，3 本目より

$$z_3 = -\frac{\beta}{\gamma} z_1$$

であるので，

$$z_1 : z_2 : z_3 = \gamma : -\alpha : -\beta$$

である．よって，$\sqrt{\gamma^2 + \alpha^2 + \beta^2} = \sqrt{2}\gamma$ であるので，$\lambda_3 = 1 - \gamma$ に対応する固有ベクトルは

$$\boldsymbol{z} = \begin{pmatrix} \dfrac{1}{\sqrt{2}} \\ -\dfrac{\alpha}{\sqrt{2}\gamma} \\ -\dfrac{\beta}{\sqrt{2}\gamma} \end{pmatrix}$$

となる．

3.2 固有方程式は

$$|A - \lambda I| = \begin{vmatrix} 1-\lambda & 0 & 0 & 0 & 0 \\ 0 & 1-\lambda & 0 & 0 & \beta \\ 0 & 0 & 1-\lambda & \alpha & 0 \\ 0 & 0 & \alpha & 1-\lambda & 0 \\ 0 & \beta & 0 & 0 & 1-\lambda \end{vmatrix} = 0$$

であるので，この行列式を 1 行目で展開すると

$$|A - \lambda I| = (1-\lambda) \begin{vmatrix} 1-\lambda & 0 & 0 & \beta \\ 0 & 1-\lambda & \alpha & 0 \\ 0 & \alpha & 1-\lambda & 0 \\ \beta & 0 & 0 & 1-\lambda \end{vmatrix} = 0$$

となる．さらに，上式の行列式を 1 行目で展開すると，

$$\begin{aligned} &|A - \lambda I| \\ &= (1-\lambda) \left\{ (1-\lambda) \begin{vmatrix} 1-\lambda & \alpha & 0 \\ \alpha & 1-\lambda & 0 \\ 0 & 0 & 1-\lambda \end{vmatrix} - \beta \begin{vmatrix} 0 & 1-\lambda & \alpha \\ 0 & \alpha & 1-\lambda \\ \beta & 0 & 0 \end{vmatrix} \right\} \\ &= (1-\lambda)[(1-\lambda)\{(1-\lambda)^3 - \alpha^2(1-\lambda)\} - \beta\{\beta(1-\lambda)^2 - \alpha^2\beta\}] \\ &= (1-\lambda)\{(1-\lambda)^4 - (\alpha^2+\beta^2)(1-\lambda)^2 + \alpha^2\beta^2\} \\ &= (1-\lambda)\{(1-\lambda)^2 - \alpha^2\}\{(1-\lambda)^2 - \beta^2\} = 0 \end{aligned}$$

となる．よって，固有値は大きい順に

$$\lambda_1 = 1+\beta, \quad \lambda_2 = 1+\alpha, \quad \lambda_3 = 1, \quad \lambda_4 = 1-\alpha, \quad \lambda_5 = 1-\beta$$

である．

$\lambda_1 = 1 + \beta$ に対応する，要素の 2 乗和が 1 の固有ベクトル $\boldsymbol{a} = (a_1, a_2, a_3, a_4, a_5)^T$ を求める．すなわち，

$$\begin{pmatrix} 1 & 0 & 0 & 0 & 0 \\ 0 & 1 & 0 & 0 & \beta \\ 0 & 0 & 1 & \alpha & 0 \\ 0 & 0 & \alpha & 1 & 0 \\ 0 & \beta & 0 & 0 & 1 \end{pmatrix} \begin{pmatrix} a_1 \\ a_2 \\ a_3 \\ a_4 \\ a_5 \end{pmatrix} = (1+\beta) \begin{pmatrix} a_1 \\ a_2 \\ a_3 \\ a_4 \\ a_5 \end{pmatrix}$$

である．上式の 1 本目より

$$a_1 = (1+\beta)a_1$$

であるので，$a_1 = 0$ となる．2 本目または 5 本目より

$$a_2 + \beta a_5 = (1+\beta)a_2 \quad \text{または} \quad \beta a_2 + a_5 = (1+\beta)a_5$$

であるので，$a_2 = a_5$ となる．さらに，3 本目と 4 本目より

$$a_3 = \frac{\alpha}{\beta}a_4 \quad \text{かつ} \quad a_3 = \frac{\beta}{\alpha}a_4$$

であるので，$a_3 = a_4 = 0$ となる．ゆえに，求める固有ベクトルは

$$a_1 : a_2 : a_3 : a_4 : a_5 = 0 : 1 : 0 : 0 : 1$$

をみたすので，$\boldsymbol{a} = \left(0, \dfrac{1}{\sqrt{2}}, 0, 0, \dfrac{1}{\sqrt{2}}\right)^T$ となる．

つぎに，$\lambda_2 = 1 + \alpha$ に対応する，要素の 2 乗和が 1 の固有ベクトル $\boldsymbol{b} = (b_1, b_2, b_3, b_4, b_5)^T$ を求めよう．すなわち，$\boldsymbol{b}$ は

$$\begin{pmatrix} 1 & 0 & 0 & 0 & 0 \\ 0 & 1 & 0 & 0 & \beta \\ 0 & 0 & 1 & \alpha & 0 \\ 0 & 0 & \alpha & 1 & 0 \\ 0 & \beta & 0 & 0 & 1 \end{pmatrix} \begin{pmatrix} b_1 \\ b_2 \\ b_3 \\ b_4 \\ b_5 \end{pmatrix} = (1+\alpha) \begin{pmatrix} b_1 \\ b_2 \\ b_3 \\ b_4 \\ b_5 \end{pmatrix}$$

をみたしている．上式の 1 本目より，$b_1 = 0$ であり，3 本目または 4 本目より，$b_3 = b_4$ である．さらに，2 本目と 5 本目より，

$$b_2 = \frac{\beta}{\alpha}b_5 \quad \text{かつ} \quad b_2 = \frac{\alpha}{\beta}b_5$$

であるので，$b_2 = b_5 = 0$ である．よって，求める固有ベクトルは，

$$b_1 : b_2 : b_3 : b_4 : b_5 = 0 : 0 : 1 : 1 : 0$$

より，$\boldsymbol{b} = \left(0, 0, \dfrac{1}{\sqrt{2}}, \dfrac{1}{\sqrt{2}}, 0\right)^T$ となる．

つぎに，$\lambda_3 = 1$ に対応する，要素の 2 乗和が 1 の固有ベクトル $\boldsymbol{c} = (c_1, c_2, c_3, c_4, c_5)^T$ を求める．すなわち，$\boldsymbol{c}$ は

$$\begin{pmatrix} 1 & 0 & 0 & 0 & 0 \\ 0 & 1 & 0 & 0 & \beta \\ 0 & 0 & 1 & \alpha & 0 \\ 0 & 0 & \alpha & 1 & 0 \\ 0 & \beta & 0 & 0 & 1 \end{pmatrix} \begin{pmatrix} c_1 \\ c_2 \\ c_3 \\ c_4 \\ c_5 \end{pmatrix} = \begin{pmatrix} c_1 \\ c_2 \\ c_3 \\ c_4 \\ c_5 \end{pmatrix}$$

をみたしている．上式の 1 本目より c_1 の値は何でもよい．また，2 本目〜5 本目より，

$$c_5 = c_4 = c_3 = c_2 = 0$$

であるので，求める固有ベクトルは $\mathbf{c}(1, 0, 0, 0, 0)^T$ となる．

つぎに，$\lambda_4 = 1 - \alpha$ に対応する，要素の 2 乗和が 1 の固有ベクトル $\boldsymbol{d} = (d_1, d_2, d_3, d_4, d_5)^T$ 求める．すなわち，$\boldsymbol{d}$ は

$$\begin{pmatrix} 1 & 0 & 0 & 0 & 0 \\ 0 & 1 & 0 & 0 & \beta \\ 0 & 0 & 1 & \alpha & 0 \\ 0 & 0 & \alpha & 1 & 0 \\ 0 & \beta & 0 & 0 & 1 \end{pmatrix} \begin{pmatrix} d_1 \\ d_2 \\ d_3 \\ d_4 \\ d_5 \end{pmatrix} = (1-\alpha) \begin{pmatrix} d_1 \\ d_2 \\ d_3 \\ d_4 \\ d_5 \end{pmatrix}$$

をみたしている．上式の 1 本目より，$d_1 = 0$ である．3 本目または 4 本目より，$d_3 = -d_4$ であり，2 本目かつ 5 本目より，

$$d_2 = -\frac{\beta}{\alpha} d_5 \quad \text{かつ} \quad d_2 = -\frac{\alpha}{\beta} d_5$$

であるので，$d_2 = d_5 = 0$ である．よって，求める固有ベクトルは $\boldsymbol{d} = \left(0, 0, \dfrac{1}{\sqrt{2}}, -\dfrac{1}{\sqrt{2}}, 0\right)^T$ となる．

最後に，$\lambda_5 = 1 - \beta$ に対応する，要素の 2 乗和が 1 の固有ベクトル $\boldsymbol{e} = (e_1, e_2, e_3, e_4, e_5)^T$ を求める．すなわち，$\boldsymbol{e}$ は

$$\begin{pmatrix} 1 & 0 & 0 & 0 & 0 \\ 0 & 1 & 0 & 0 & \beta \\ 0 & 0 & 1 & \alpha & 0 \\ 0 & 0 & \alpha & 1 & 0 \\ 0 & \beta & 0 & 0 & 1 \end{pmatrix} \begin{pmatrix} e_1 \\ e_2 \\ e_3 \\ e_4 \\ e_5 \end{pmatrix} = (1-\beta) \begin{pmatrix} e_1 \\ e_2 \\ e_3 \\ e_4 \\ e_5 \end{pmatrix}$$

をみたしている．上式の 1 本目より，$e_1 = 0$ である．また，2 本目または 5 本目より，$e_2 = -e_5$ である．さらに，3 本目かつ 4 本目より，

$$e_3 = -\frac{\alpha}{\beta} e_4 \quad \text{かつ} \quad e_3 = -\frac{\beta}{\alpha} e_4$$

であるので，$e_3 = e_4 = 0$ である．よって，求める固有ベクトルは，$\boldsymbol{e} = \left(0, \dfrac{1}{\sqrt{2}}, 0, 0, -\dfrac{1}{\sqrt{2}}\right)^T$ となる．

4章

4.1 まず，補助表（解表2）を作成する．

解表2 補助表

i	x_i	y_i	$x_i - \overline{x}$	$y_i - \overline{y}$	$(x_i - \overline{x})^2$	$(y_i - \overline{y})^2$	$(x_i - \overline{x})(y_i - \overline{y})$
1	3.90	56.0	0.73	38.1	0.5329	1451.61	27.813
2	3.50	34.0	0.33	16.1	0.1089	259.21	5.313
3	3.33	14.8	0.16	−3.1	0.0256	9.61	−0.496
4	3.16	14.7	−0.01	−3.2	0.0001	10.24	0.032
5	2.95	12.3	−0.22	−5.6	0.0484	31.36	1.232
6	3.30	11.8	−0.17	−6.1	0.0289	37.21	1.037
7	2.97	11.7	−0.20	−6.2	0.0400	38.44	1.240
8	3.26	11.0	0.09	−6.9	0.0081	47.61	−0.621
9	2.87	6.5	−0.30	−11.4	0.0900	129.96	3.420
10	2.76	6.2	−0.41	−11.7	0.1681	136.89	4.797
計	31.7	179.0	0	0	1.0510	2152.14	43.767

$\overline{y} = 17.9$

$\overline{x} = 3.17$

補助表より

$$S_{xx} = 1.0510, \quad S_{yy} = 2152.14, \quad S_{xy} = 43.767$$

であるので，式 (4.1) より

$$\widehat{\beta} = \frac{43.767}{1.0510} = 41.64, \quad \widehat{\alpha} = 17.9 - 41.64 \times 3.17 = -114.1$$

となる．よって，求める回帰式は

$$\widehat{y} = -114.1 + 41.64x$$

である．さらに，標本相関係数は

$$r_{xy} = \frac{43.767}{\sqrt{1.0510 \times 2152.14}} = 0.920$$

であるので，寄与率は

$$R^2 = (0.920)^2 = 0.846$$

となる．

4.2 演習問題 2.1 の解答の解表 1 より

$$\overline{x} = 55, \quad \overline{y} = 78$$

$$S_{xx} = 7650, \quad S_{yy} = 6310, \quad S_{xy} = 4475$$

であるので，式 (4.1) より

$$\widehat{\beta} = \frac{4475}{7650} = 0.585, \quad \widehat{\alpha} = 78 - 0.585 \times 55 = 45.825$$

となる．よって，求める回帰式は

$$\widehat{y} = 45.825 + 0.585x$$

である．さらに，残差平方和は

$$S_e = S_{yy} - \widehat{\beta}S_{xy} = 6310 - 0.585 \times 4475 = 3692.125$$

であるので，寄与率は

$$R^2 = 1 - \frac{3692.125}{6310} = 0.415$$

となる（これは演習問題 2.1 の相関係数より $R^2 = (0.644)^2 = 0.415$ と求めてもよい）．

4.3 (1) 国内総生産 x に対する年間売上高 y の回帰モデルを

$$y_i = \alpha + \beta x_i + \varepsilon_i$$

とする．このとき，α, β の最小 2 乗推定量を求めるために，補助表（解表 3）を作成する．

解表 3 補助表

i	x_i	y_i	$x_i - \overline{x}$	$y_i - \overline{y}$	$(x_i - \overline{x})^2$	$(y_i - \overline{y})^2$	$(x_i - \overline{x})(y_i - \overline{y})$
1	527	211	16.5	9	272.25	81	148.5
2	532	212	21.5	10	462.25	100	215.0
3	521	210	10.5	8	110.25	64	84.0
4	490	198	−20.5	−4	420.25	16	82.0
5	500	196	−10.5	−6	110.25	36	63.0
6	492	196	−18.5	−6	342.25	36	111.0
7	495	196	−15.5	−6	240.25	36	93.0
8	503	198	−7.5	−4	56.25	16	30.0
9	514	202	3.5	0	12.25	0	0
10	531	201	20.5	−1	420.25	1	−20.5
計	5105	2020	0	0	2446.5	386	806.0

$\overline{y} = 202$

$\overline{x} = 510.5$

よって，式 (4.1) より，回帰係数は

$$\widehat{\beta} = \frac{S_{xy}}{S_{xx}} = \frac{806.0}{2446.5} = 0.329, \quad \widehat{\alpha} = \overline{y} - \widehat{\beta}\overline{x} = 202 - 0.329 \times 510.5 = 34.0$$

であるので，回帰式は

$$\widehat{y} = 34.0 + 0.329x$$

である．

寄与率を求めるために，残差平方和 S_e を求めると

$$S_e = S_{yy} - \widehat{\beta} S_{xy} = 386 - 0.329 \times 806 = 120.8$$

であるので，寄与率は式 (4.3) より

$$R^2 = 1 - \frac{S_e}{S_{yy}} = 1 - \frac{120.8}{386} = 0.687$$

である．すなわち，百貨店とスーパーの年間売上高は国内総生産で 68.7%説明できる．
(2) $x = 580$ のときの年間売上高の予測値は

$$\widehat{y} = 34.0 + 0.329 \times 580 = 224.8$$

である．つぎに，予測区間を求めるためには，誤差項 ε_i の母分散 σ^2 の推定量 V_e が必要となる．式 (4.13) より

$$V_e = \frac{S_e}{n-2} = \frac{120.8}{8} = 15.1$$

であるので，信頼度 95%の予測区間は，式 (4.19) より

$$\widehat{y} \pm t(8; 0.05)\sqrt{\left\{1 + \frac{1}{10} + \frac{(x - \overline{x})^2}{S_{xx}}\right\} V_e}$$

で与えられる．付表 4 より，$t(8; 0.05) = 2.306$ であるので，

$$224.8 \pm 2.306\sqrt{\left\{1 + \frac{1}{10} + \frac{(580 - 510.5)^2}{2446.5}\right\} \times 15.1}$$

$$= 224.8 \pm 2.306 \times 6.813 = 224.8 \pm 15.7$$

となる．よって，GDP が 580（兆円）のときには，百貨店とスーパーの年間売上高は，信頼度 95%で

(209.1, 240.5)　(単位：1000 億円)

の区間に入る．

5章

5.1　まず，補助表（解表 4）を作成する．
(1) 4 章の式 (4.1) より，

$$\widehat{\beta} = \frac{S_{1y}}{S_{11}} = \frac{399}{478} = 0.835$$

$$\widehat{\alpha} = \overline{y} - \widehat{\beta}\overline{x}_1 = 33 - 0.835 \times 27 = 10.5$$

であるので，求める回帰式は

$$\widehat{y} = 10.5 + 0.835x_1 = 33 + 0.835(x_1 - 27)$$

で与えられる．さらに，x_1 と y の相関係数は

解表 4　補助表

i	x_{1i}	x_{2i}	y_i	$x_{1i}-\bar{x}_1$	$x_{2i}-\bar{x}_2$	$y_i-\bar{y}$	$(x_{1i}-\bar{x}_1)^2$	$(x_{2i}-\bar{x}_2)^2$	$(y_i-\bar{y})^2$	$(x_{1i}-\bar{x}_1)\times(x_{2i}-\bar{x}_2)$	$(x_{1i}-\bar{x}_1)\times(y_i-\bar{y})$	$(x_{2i}-\bar{x}_2)\times(y_i-\bar{y})$
1	41	33	46	14	−4	13	196	16	169	−56	182	−52
2	27	74	43	0	37	10	0	1369	100	0	0	370
3	25	17	41	−2	−20	8	4	400	64	40	−16	−160
4	31	64	37	4	27	4	16	729	16	108	16	108
5	22	27	34	−5	−10	1	25	100	1	50	−5	−10
6	31	17	31	4	−20	−2	16	400	4	−80	−8	40
7	30	57	31	3	20	−2	9	400	4	60	−6	−40
8	23	39	30	−4	2	−3	16	4	9	−8	12	−6
9	27	25	20	0	−12	−13	0	144	169	0	0	156
10	13	17	17	−14	−20	−16	196	400	256	280	224	320
計	270	370	330	0	0	0	478	3962	792	394	399	726

$\bar{y}=33$

$\bar{x}_2=37$

$\bar{x}_1=27$

$$r_{x_1y}=\frac{399}{\sqrt{478\times 792}}=0.648$$

であるので，寄与率は $R^2=(0.648)^2=0.420$ である．

(2) 式 (5.2) より

$$\widehat{\beta}=\frac{3962\times 399-394\times 726}{478\times 3962-(394)^2}=0.745$$

$$\widehat{\gamma}=\frac{-394\times 399+478\times 726}{478\times 3962-(394)^2}=0.109$$

$$\widehat{\alpha}=33-0.745\times 27-0.109\times 37=8.85$$

であるので，求める回帰式は

$$\widehat{y}=8.85+0.745x_1+0.109x_2$$

となる．また，回帰による平方和は

$$S_R=0.745\times 399+0.109\times 726=376.4$$

であるので，寄与率は

$$R^2=\frac{S_R}{S_{yy}}=\frac{376.4}{792}=0.475$$

である．

5.2 求める回帰式を

$$y_i=\alpha+\beta x_{1i}+\gamma x_{2i}+\varepsilon_i$$

とし，最小 2 乗推定量 $(\widehat{\alpha},\widehat{\beta},\widehat{\gamma})$ を求めよう．そのために，補助表（解表 5）を作成する．補助表より

解表 5　補助表

i	x_{1i}	x_{2i}	y_i	$x_{1i}-\overline{x}_1$	$x_{2i}-\overline{x}_2$	$y_i-\overline{y}$	$(x_{1i}-\overline{x}_1)^2$	$(x_{2i}-\overline{x}_2)^2$	$(y_i-\overline{y})^2$	$(x_{1i}-\overline{x}_1)\times(x_{2i}-\overline{x}_2)$	$(x_{1i}-\overline{x}_1)\times(y_i-\overline{y})$	$(x_{2i}-\overline{x}_2)\times(y_i-\overline{y})$
1	4.00	3.48	56.0	0.63	0.28	38.1	0.3969	0.0784	1451.61	0.1764	24.003	10.668
2	3.49	3.38	34.0	0.12	0.18	16.1	0.0144	0.0324	259.21	0.0216	1.932	2.898
3	3.30	2.90	14.8	−0.07	−0.30	−3.1	0.0049	0.0900	9.61	0.0210	0.217	0.930
4	3.50	3.05	14.7	0.13	−0.15	−3.2	0.0169	0.0225	10.24	−0.0195	−0.416	0.480
5	3.39	3.03	12.3	0.02	−0.17	−5.6	0.0004	0.0289	31.36	−0.0034	−0.112	0.952
6	3.30	3.24	11.8	−0.07	0.04	−6.1	0.0049	0.0016	37.21	−0.0028	0.427	−0.244
7	3.21	3.28	11.7	−0.16	0.08	−6.2	0.0256	0.0064	38.44	−0.0128	0.992	−0.496
8	3.15	3.40	11.0	−0.22	0.20	−6.9	0.0484	0.0400	47.61	−0.0440	1.518	−1.380
9	3.20	3.15	6.5	−0.17	−0.05	−11.4	0.0289	0.0025	129.96	0.0085	1.938	0.570
10	3.16	3.09	6.2	−0.21	−0.11	−11.7	0.0441	0.0121	136.89	0.0231	2.457	1.287
計	33.7	32.0	179.0	0	0	0	0.5854	0.3148	2152.14	0.1681	32.956	15.665

$\overline{y} = 17.9$

$\overline{x}_2 = 3.20$

$\overline{x}_1 = 3.37$

$$\overline{x}_1 = 3.37, \quad \overline{x}_2 = 3.20, \quad \overline{y} = 17.9$$

$$S_{11} = 0.5854, \quad S_{22} = 0.3148, \quad S_{12} = 0.1681$$

$$S_{yy} = 2152.14, \quad S_{1y} = 32.956, \quad S_{2y} = 15.665$$

である．よって，式 (5.2) より

$$\widehat{\beta} = \frac{S_{22}S_{1y} - S_{12}S_{2y}}{S_{11}S_{22} - S_{12}^2} = \frac{0.3148 \times 32.956 - 0.1681 \times 15.665}{0.5854 \times 0.3148 - (0.1681)^2} = 49.62$$

$$\widehat{\gamma} = \frac{-S_{12}S_{1y} + S_{11}S_{2y}}{S_{11}S_{22} - S_{12}^2} = \frac{-0.1681 \times 32.956 + 0.5854 \times 15.665}{0.5854 \times 0.3148 - (0.1681)^2} = 23.27$$

$$\widehat{\alpha} = \overline{y} - \widehat{\beta}\overline{x}_1 - \widehat{\gamma}\overline{x}_2 = 17.9 - 49.62 \times 3.37 - 23.27 \times 3.20 = -223.78$$

であるので，求める回帰式は

$$\widehat{y} = -223.78 + 49.62x_1 + 23.27x_2$$

である．また，回帰による平方和は

$$S_R = \widehat{\beta}S_{1y} + \widehat{\gamma}S_{2y} = 49.62 \times 32.956 + 23.27 \times 15.665 = 1999.80$$

であるので，寄与率は

$$R^2 = \frac{S_R}{S_{yy}} = \frac{1999.80}{2152.14} = 0.929$$

である．

5.3　求める回帰式を

$$y_i = \alpha + \beta x_{2i} + \gamma x_{3i} + \varepsilon_i$$

とし，最小 2 乗推定量 $(\widehat{\alpha}, \widehat{\beta}, \widehat{\gamma})$ を求めよう．そのために，解表 5 に加え補助表（解表 6）

解表 6 補助表

i	x_{3i}	y_i	$x_{3i}-\overline{x}_3$	$y_i-\overline{y}$	$(x_{3i}-\overline{x}_3)^2$	$(y_i-\overline{y})^2$	$(x_{3i}-\overline{x}_3)(y_i-\overline{y})$
1	3.90	56.0	0.73	38.1	0.5329		27.813
2	3.50	34.0	0.33	16.1	0.1089		5.313
3	3.33	14.8	0.16	−3.1	0.0256		−0.496
4	3.16	14.7	−0.01	−3.2	0.0001		0.032
5	2.95	12.3	−0.22	−5.6	0.0484		1.232
6	3.00	11.8	−0.17	−6.1	0.0289		1.037
7	2.97	11.7	−0.20	−6.2	0.0400		1.240
8	3.26	11.0	0.09	−6.9	0.0081		−0.621
9	2.87	6.5	−0.30	−11.4	0.0900		3.420
10	2.76	6.2	−0.41	−11.7	0.1681		4.797
計	31.7	179.0	0	0	1.0510	2152.14	43.767

$\overline{x}_3 = 3.17$　　$\overline{y} = 17.9$

を作成する．解表 5, 6 より

$$\overline{x}_2 = 3.20, \quad \overline{x}_3 = 3.17, \quad \overline{y} = 17.9$$

$$S_{22} = 0.3148, \quad S_{33} = 1.0510$$

$$S_{yy} = 2152.14, \quad S_{2y} = 15.665, \quad S_{3y} = 43.767$$

であり，最小 2 乗推定量を求めるには S_{23} も必要であるので，これを解表 7 で求める．

解表 7

i	1	2	3	4	5	6	7	8	9	10	計
$(x_{2i}-\overline{x}_2)\times(x_{3i}-\overline{x}_3)$	0.2044	0.0594	−0.048	0.0015	0.0374	−0.0068	−0.016	0.018	0.015	0.0451	0.3100

解表 7 より，$S_{23} = 0.3100$ であるので，式 (5.2) より

$$\widehat{\beta} = \frac{S_{33}S_{2y} - S_{23}S_{3y}}{S_{22}S_{33} - S_{23}^2} = \frac{1.0510 \times 15.665 - 0.3100 \times 43.767}{0.3148 \times 1.0510 - (0.3100)^2} = 12.34$$

$$\widehat{\gamma} = \frac{-S_{23}S_{2y} + S_{22}S_{3y}}{S_{22}S_{33} - S_{23}^2} = \frac{-0.3100 \times 15.665 + 0.3148 \times 43.767}{0.3148 \times 1.0510 - (0.3100)^2} = 38.01$$

$$\widehat{\alpha} = \overline{y} - \widehat{\beta}\overline{x}_2 - \widehat{\gamma}\overline{x}_3 = 17.9 - 12.34 \times 3.20 - 38.01 \times 3.17 = -142.08$$

であるので，求める回帰式は

$$\widehat{y} = -142.08 + 12.34x_2 + 38.01x_3$$

である．また，回帰による平方和は

$$S_R = \widehat{\beta}S_{2y} + \widehat{\gamma}S_{3y} = 12.34 \times 15.665 + 38.01 \times 43.767 = 1856.89$$

であるので，寄与率は

$$R^2 = \frac{S_R}{S_{yy}} = \frac{1856.89}{2152.14} = 0.863$$

である．

5.4 まず，モデル

$$M_0 : y_i = \alpha + \varepsilon_i$$

から出発し，このモデル M_0 に変数 x_1 を取り込んだモデル

$$M_{1\text{-}1} : y_i = \alpha + \beta x_{1i} + \varepsilon_i$$

を考え，式 (5.22) の統計量 $F_0(M_{1\text{-}1})$ を計算する．そのために，補助表を作成するのだが，前問の解表 5 の一部分を用いれば，解表 8 が作成できる．

解表 8 補助表

i	x_{1i}	y_i	$x_{1i}-\bar{x}_1$	$y_i-\bar{y}$	$(x_{1i}-\bar{x}_1)^2$	$(y_i-\bar{y})^2$	$(x_{1i}-\bar{x}_1)(y_i-\bar{y})$
1	4.00	56.0	0.63	38.1	0.3969	1451.61	24.003
2	3.49	34.0	0.12	16.1	0.0144	259.21	1.932
3	3.30	14.8	−0.07	−3.1	0.0049	9.61	0.217
4	3.50	14.7	0.13	−3.2	0.0169	10.24	−0.416
5	3.39	12.3	0.02	−5.6	0.0004	31.36	−0.112
6	3.30	11.8	−0.07	−6.1	0.0049	37.21	0.427
7	3.21	11.7	−0.16	−6.2	0.0259	38.44	0.992
8	3.15	11.0	−0.22	−6.9	0.0484	47.61	1.518
9	3.20	6.5	−0.17	−11.4	0.0289	129.96	1.938
10	3.16	6.2	−0.21	−11.7	0.0441	136.89	2.457
計	33.7	179.0	0	0	0.5854	2152.14	32.956

$\bar{x}_1 = 3.37$　$\bar{y} = 17.9$

補助表より，

$$\hat{\beta} = \frac{S_{1y}}{S_{11}} = \frac{32.956}{0.5854} = 56.30$$

であるので，

$$S_e(M_{1\text{-}1}) = S_{yy} - \hat{\beta} S_{1y}$$
$$= 2152.14 - 56.30 \times 32.956 = 296.72$$

である．よって，式 (5.22) より

$$F_0(M_{1\text{-}1}) = \frac{2152.14 - 296.72}{296.72/8} = 50.02$$

であり，この値が 2 以上であるので，$M_{1\text{-}1}$ モデルは支持される．

つぎに，M_0 モデルに変数 x_2 を取り込んだモデル

解表 9　補助表

i	x_{2i}	y_i	$x_{2i}-\overline{x}_2$	$y_i-\overline{y}$	$(x_{2i}-\overline{x}_2)^2$	$(y_i-\overline{y})^2$	$(x_{2i}-\overline{x}_2)(y_i-\overline{y})$
1	3.48	56.0	0.28	38.1	0.0784		10.668
2	3.38	34.0	0.18	16.1	0.0324		2.898
3	2.90	14.8	−0.30	−3.1	0.0900		0.930
4	3.05	14.7	−0.15	−3.2	0.0225		0.480
5	3.03	12.3	−0.17	−5.6	0.0289		0.952
6	3.24	11.8	−0.04	−6.1	0.0016		−0.244
7	3.28	11.7	−0.08	−6.2	0.0064		−0.496
8	3.40	11.0	0.20	−6.9	0.0400		−1.380
9	3.15	6.5	−0.05	−11.4	0.0025		0.570
10	3.09	6.2	−0.11	−11.7	0.0121		1.287
計	32.0	179.0	0	0	0.3148	2152.14	15.665

$\overline{x}_2 = 3.20$　　$\overline{y} = 17.9$

$$M_{1\text{-}2} : y_i = \alpha + \beta x_{2i} + \varepsilon_i$$

を考え，統計量 $F_0(M_{1\text{-}2})$ を計算するので，補助表（解表 9）を作成する．

$F_0(M_{1\text{-}1})$ の計算と同様にして，

$$\widehat{\beta} = \frac{S_{2y}}{S_{22}} = \frac{15.665}{0.3148} = 49.76$$

$$S_e(M_{1\text{-}2}) = S_{yy} - \widehat{\beta}S_{2y}$$

$$= 2152.14 - 49.76 \times 15.665 = 1372.65$$

より，

$$F_0(M_{1\text{-}2}) = \frac{2152.14 - 1372.65}{1372.65/8} = 4.54$$

となる．この値が 2 以上であるので，$M_{1\text{-}2}$ モデルも支持されるが，$F_0(M_{1\text{-}1})$ のほうが大きいので，$M_{1\text{-}1}$ モデルのほうを支持する．

最後に，M_0 モデルに変数 x_3 を取り込んだモデル

$$M_{1\text{-}3} : y_i = \alpha + \beta x_{3i} + \varepsilon_i$$

を考え，同様にして統計量 $F_0(M_{1\text{-}3})$ を計算するために，補助表として解表 6 を利用する．

解表 6 より，

$$\widehat{\beta} = \frac{S_{3y}}{S_{33}} = \frac{43.767}{1.0510} = 41.64$$

$$S_e(M_{1\text{-}3}) = S_{yy} - \widehat{\beta}S_{3y}$$

$$= 2152.14 - 41.64 \times 43.767 = 329.68$$

であるので，

$$F_0(M_{1\text{-}3}) = \frac{2152.14 - 329.68}{329.68/8} = 44.22$$

となる．この値が 2 以上であるので，$M_{1\text{-}3}$ モデルも支持されるが，$F_0(M_{1\text{-}1})$ の値より小さいので，モデル $M_{1\text{-}1}$ が採用される．

そこで，$M_{1\text{-}1}$ モデルのもとでの回帰式とその寄与率を求めよう．

解表 8 より，

$$\widehat{\beta} = \frac{S_{1y}}{S_{11}} = \frac{32.956}{0.5854} = 56.30$$

$$\widehat{\alpha} = \overline{y} - \widehat{\beta}\overline{x}_1 = 17.9 - 56.30 \times 3.37 = -171.83$$

であるので，説明変数 x_1 に対する y の回帰式は

$$\widehat{y} = -171.83 + 56.30x_1$$

である．また，寄与率は 4 章の式 (4.3) より

$$R^2 = 1 - \frac{S_e(M_{1\text{-}1})}{S_{yy}} = 1 - \frac{296.72}{2152.14} = 0.862$$

であるので，労働生産性の動向は仕事の魅力で 86.2%説明できることがわかった．

5.5 演習問題 5.4 で採用した $M_{1\text{-}1}$ モデルに変数 x_2 を取り込んだモデル

$$M_{2\text{-}1} : y_i = \alpha + \beta x_{1i} + \gamma x_{2i} + \varepsilon_i$$

を考え，式 (5.23) の統計量 $F_0(M_{2\text{-}1})$ を計算しよう．そのために，補助表として解表 5 を利用する．

式 (5.2) より

$$\widehat{\beta} = \frac{0.3148 \times 32.956 - 0.1681 \times 15.665}{0.5854 \times 0.3148 - (0.1681)^2} = 49.62$$

$$\widehat{\gamma} = \frac{-0.1681 \times 32.956 + 0.5854 \times 15.665}{0.5854 \times 0.3148 - (0.1681)^2} = 23.27$$

であるので，式 (5.3) より

$$S_e(M_{2\text{-}1}) = 2152.14 - 49.62 \times 32.956 - 23.27 \times 15.665 = 152.34$$

を得る．よって，式 (5.23) より，

$$F_0(M_{2\text{-}1}) = \frac{296.72 - 152.34}{152.34/7} = 6.63$$

であり，この値が 2 以上であるので，モデル $M_{2\text{-}1}$ を支持する．

つぎに，$M_{1\text{-}1}$ モデルに変数 x_3 を取り込んだモデル

$$M_{2\text{-}2} : y_i = \alpha + \beta x_{1i} + \gamma x_{3i} + \varepsilon_i$$

を考え，統計量 $F_0(M_{2\text{-}2})$ を計算しよう．そのために，補助表（解表 10）を作成する．

$F_0(M_{2\text{-}1})$ の計算と同様にして，

解表 10 補助表

i	x_{1i}	x_{3i}	y_i	$x_{1i}-\overline{x}_1$	$x_{3i}-\overline{x}_3$	$y_i-\overline{y}$	$(x_{1i}-\overline{x}_1)^2$	$(x_{3i}-\overline{x}_3)^2$	$(y_i-\overline{y})^2$	$(x_{1i}-\overline{x}_1)\times(x_{3i}-\overline{x}_3)$	$(x_{1i}-\overline{x}_1)\times(y_i-\overline{y})$	$(x_{3i}-\overline{x}_3)\times(y_i-\overline{y})$
1	4.00	3.90	56.0	0.63	0.73	38.1	0.3969	0.5329	1451.61	0.4599	24.003	27.813
2	3.49	3.50	34.0	0.12	0.33	16.1	0.0144	0.1089	259.21	0.0396	1.932	5.313
3	3.30	3.33	14.8	−0.07	0.16	−3.1	0.0049	0.0256	9.61	−0.0112	0.217	−0.496
4	3.50	3.16	14.7	0.13	−0.01	−3.2	0.0169	0.0001	10.24	−0.0013	−0.416	0.032
5	3.39	2.95	12.3	0.02	−0.22	−5.6	0.0004	0.0484	31.36	−0.0044	−0.112	1.232
6	3.30	3.00	11.8	−0.07	−0.17	−6.1	0.0049	0.0289	37.21	0.0119	0.427	1.037
7	3.21	2.97	11.7	−0.16	−0.20	−6.2	0.0256	0.0400	38.44	0.0320	0.992	1.240
8	3.15	3.26	11.0	−0.22	0.09	−6.9	0.0484	0.0081	47.61	−0.0198	1.518	−0.621
9	3.20	2.87	6.5	−0.17	−0.30	−11.4	0.0289	0.0900	129.96	0.0510	1.938	3.420
10	3.16	2.76	6.2	−0.21	−0.41	−11.7	0.0441	0.1681	136.89	0.0861	2.457	4.797
計	33.7	31.7	179.0	0	0	0	0.5854	1.0510	2152.14	0.6438	32.956	43.767

$\overline{y}=17.9$

$\overline{x}_3=3.17$

$\overline{x}_1=3.37$

$$\widehat{\beta}=\frac{1.0510\times 32.956-0.6438\times 43.767}{0.5854\times 1.0510-(0.6438)^2}=32.17$$

$$\widehat{\gamma}=\frac{-0.6438\times 32.956+0.5854\times 43.767}{0.5854\times 1.0510-(0.6438)^2}=21.94$$

$$S_e(M_{2\text{-}2})=2152.14-32.17\times 32.956-21.94\times 43.767=131.70$$

より,

$$F_0(M_{2\text{-}2})=\frac{296.72-131.70}{131.70/7}=8.77$$

となる. 2 以上であるから $M_{2\text{-}2}$ モデルも支持され, $F_0(M_{2\text{-}1})$ の値より大きいので, モデル $M_{2\text{-}2}$ が採用される.

よって, $M_{2\text{-}2}$ モデルのもとで, 目的変数 y の回帰式とその寄与率を求めよう.

解表 10 より

$$\widehat{\beta}=32.17,\quad \widehat{\gamma}=21.94$$

を求めているので,

$$\widehat{\alpha}=\overline{y}-\widehat{\beta}\overline{x}_1-\widehat{\gamma}\overline{x}_3=17.9-32.17\times 3.37-21.94\times 3.17=-160.06$$

であるので, 求める回帰式は

$$\widehat{y}=-160.06+32.17x_1+21.94x_3$$

である. また, 寄与率は

$$R^2=1-\frac{S_e(M_{2\text{-}2})}{S_{yy}}=1-\frac{131.70}{2152.14}=0.939$$

であるので, 労働生産性の動向は仕事の魅力 (x_1) と経営施策・方針の浸透 (x_3) で 94%説明できることがわかった. $M_{1\text{-}1}$ モデルよりも, 寄与率が 8%増加したことになる.

6章

6.1 レポートの提出の有無は質的変数であるので，ダミー変数

$$x_i = \begin{cases} 1, & \text{学生 } i \text{ はレポートを提出した} \\ 0, & \text{学生 } i \text{ はレポートを提出していない} \end{cases}$$

を導入して，回帰モデル

$$y_i = \alpha + \beta x_i + \varepsilon_i$$

を考える．そして，最小 2 乗推定量 $(\widehat{\alpha}, \widehat{\beta})$ を求めればよい．表 6.6 の変数 x_{1i} がこの問題の説明変数 x_i であるので，4 章の式 (4.1) より

$$\widehat{\beta} = \frac{S_{xy}}{S_{xx}} = \frac{30.0}{2.40} = 12.5$$
$$\widehat{\alpha} = \overline{y} - \widehat{\beta}\overline{x} = 80 - 12.5 \times 0.6 = 72.5$$

となる．よって，求める回帰式は

$$\widehat{y} = 72.5 + 12.5x$$

となる．また，残差平方和 S_e は式 (4.2) より，

$$S_e = S_{yy} - \widehat{\beta}S_{xy} = 1600 - 12.5 \times 30.0 = 1225$$

であるので，寄与率は

$$R^2 = 1 - \frac{S_e}{S_{yy}} = 1 - \frac{1225}{1600} = 0.234$$

となる．

6.2 舗装率は質的変数であり，3 段階に分類されているので，ダミー変数は $(3-1)$ 個必要である．

ダミー変数として

$$x_{1i} = \begin{cases} 1, & \text{都市 } i \text{ は舗装率が多い} \\ 0, & \text{都市 } i \text{ は舗装率が多くない} \end{cases}$$

$$x_{2i} = \begin{cases} 1, & \text{都市 } i \text{ は舗装率が普通である} \\ 0, & \text{都市 } i \text{ は舗装率が普通でない} \end{cases}$$

を導入する．

すると，たとえば，大阪は舗装率が多いので $(x_{12}, x_{22}) = (1, 0)$，兵庫は舗装率が普通であるので $(x_{18}, x_{28}) = (0, 1)$ で，千葉は舗装率が少ないので $(x_{19}, x_{29}) = (0, 0)$ と，二つの変数で舗装率が表現される．

この 2 変数を説明変数とする回帰モデル

$$y_i = \alpha + \beta x_{1i} + \gamma x_{2i} + \varepsilon_i$$

を考え，重回帰分析を実施する．そのために，補助表（解表 11）を作成する．

補助表より

解表 11　補助表

i	x_{1i}	x_{2i}	y_i	$x_{1i}-\overline{x}_1$	$x_{2i}-\overline{x}_2$	$y_i-\overline{y}$	$(x_{1i}-\overline{x}_1)^2$	$(x_{2i}-\overline{x}_2)^2$	$(y_i-\overline{y})^2$	$(x_{1i}-\overline{x}_1)$ $\times(x_{2i}-\overline{x}_2)$	$(x_{1i}-\overline{x}_1)$ $\times(y_i-\overline{y})$	$(x_{2i}-\overline{x}_2)$ $\times(y_i-\overline{y})$
1	0	1	46	−0.3	0.8	13	0.09	0.64	169	−0.24	−3.90	10.4
2	1	0	43	0.7	−0.2	10	0.49	0.04	100	−0.14	7.00	−2.0
3	0	0	41	−0.3	−0.2	8	0.09	0.04	64	0.06	−2.40	−1.6
4	1	0	37	0.7	−0.2	4	0.49	0.04	16	−0.14	2.80	−0.8
5	0	0	34	−0.3	−0.2	1	0.09	0.04	1	0.06	−0.30	−0.2
6	0	0	31	−0.3	−0.2	−2	0.09	0.04	4	0.06	0.60	0.4
7	1	0	31	0.7	−0.2	−2	0.49	0.04	4	−0.14	−1.40	0.4
8	0	1	30	−0.3	0.8	−3	0.09	0.64	9	−0.24	0.90	−2.4
9	0	0	20	−0.3	−0.2	−13	0.09	0.04	169	0.06	3.90	2.6
10	0	0	17	−0.3	−0.2	−16	0.09	0.04	256	0.06	4.80	3.2
計	3	2	330	0	0	0	2.10	1.60	792	−0.60	12.0	10.0

$\overline{y}=33$

$\overline{x}_2=0.2$

$\overline{x}_1=0.3$

$$\overline{x}_1=0.3,\quad \overline{x}_2=0.2,\quad \overline{y}=33$$

$$S_{11}=2.10,\quad S_{22}=1.60,\quad S_{12}=-0.60$$

$$S_{1y}=12.0,\quad S_{2y}=10.0,\quad S_{yy}=792$$

であるので，式 (5.2) より

$$\widehat{\beta}=\frac{1.60\times 12.0+0.60\times 10.0}{2.10\times 1.60-(-0.60)^2}=8.40$$

$$\widehat{\gamma}=\frac{0.60\times 12.0+2.10\times 10.0}{2.10\times 1.60-(-0.60)^2}=9.40$$

$$\widehat{\alpha}=33-8.40\times 0.3-9.40\times 0.2=28.6$$

となる．よって，求める回帰式は

$$\widehat{y}=28.6+8.4x_1+9.4x_2$$

となる．また，回帰による平方和は

$$S_R=8.4\times 12.0+9.4\times 10.0=194.8$$

であるので，寄与率は

$$R^2=\frac{S_R}{S_{yy}}=\frac{194.8}{792}=0.246$$

となる．

7章

7.1　表 7.27 より，ユークリッド距離 (7.1) を用いて，対象会社間の距離を計算すると，解表 12 を得る．

解表 12 の最小値は，$d(3,4)=15.30$ であるので，クラスター 1 を $C_1=\{3,4\}=C_1(3,4)$

解表 12 会社間の距離 (1)

	1	2	3	4
1				
2	31.40			
3	19.85	20.59		
4	34.00	29.15	15.30	
5	40.01	47.42	28.65	19.72

解表 13 会社間の距離 (2)

	1	2	C_1
1			
2	31.40		
$C_1(3,4)$	19.85	20.59	
5	40.01	47.42	19.72

解表 14 会社間の距離 (3)

	1	2
1		
2	31.40	
$C_2(3,4,5)$	19.85	20.59

解表 15 会社間の距離 (4)

	2
2	
$C_3(1,3,4,5)$	20.59

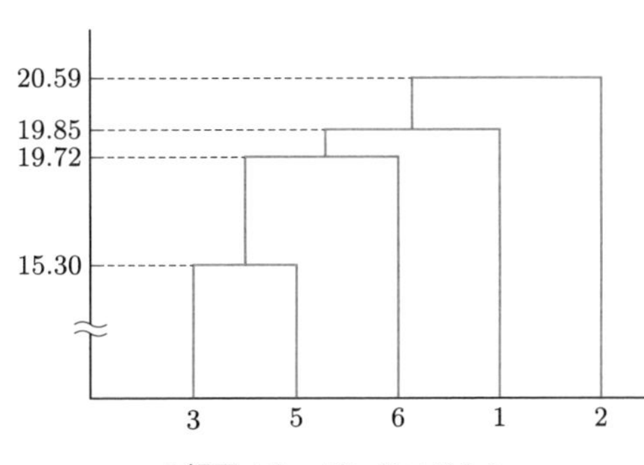

解図 1 デンドログラム

と表現する．

同様に，解表 13 から $C_2(3,4,5)$ が，解表 14 から $C_3(1,3,4,5)$ が順に得られ，解表 15 となる．

以上の計算過程からデンドログラムを描くと，解図 1 を得る．

7.2 (1) マンハッタン・ノルム (7.3) を用いて，表 7.1 の対象地域間の距離を計算すると，

解表 16 地域間のマンハッタン・ノルム (1)

	1	2	3	4	5	6
1						
2	186					
3	189	7				
4	185	55	48			
5	215	29	26	40		
6	206	20	17	41	9	
7	179	25	18	30	36	27

解表 17 地域間のマンハッタン・ノルム (2)

	1	4	5	6	7
1					
4	185				
5	215	40			
6	206	41	9		
7	179	30	36	27	
$C_1(2,3)$	186	48	26	17	18

解表 16 を得る．

解表 16 の最小値は，$m(2,3)=7$ であるので，クラスター 1 を $C_1=\{2,3\}=C_1(2,3)$ と表現する．

同様に，解表 17 から $C_2(5,6)$ が，解表 18 から $C_3(2,3,5,6)$ が，解表 19 から $C_4(2,3,5,6,7)$

解表 18 地域間のマンハッタン・ノルム (3)

	1	4	7	C_2
1				
4	185			
7	179	30		
$C_2(5,6)$	206	40	27	
$C_1(2,3)$	186	48	18	⑰

解表 19 地域間のマンハッタン・ノルム (4)

	1	4	7
1			
4	185		
7	179	30	
$C_3(2,3,5,6)$	186	40	⑱

解表 20 地域間のマンハッタン・ノルム (5)

	1	4
1		
4	185	
$C_4(2,3,5,6,7)$	179	㉚

解表 21 地域間のマンハッタン・ノルム (6)

	1
1	
$C_5(2,3,4,5,6,7)$	(179)

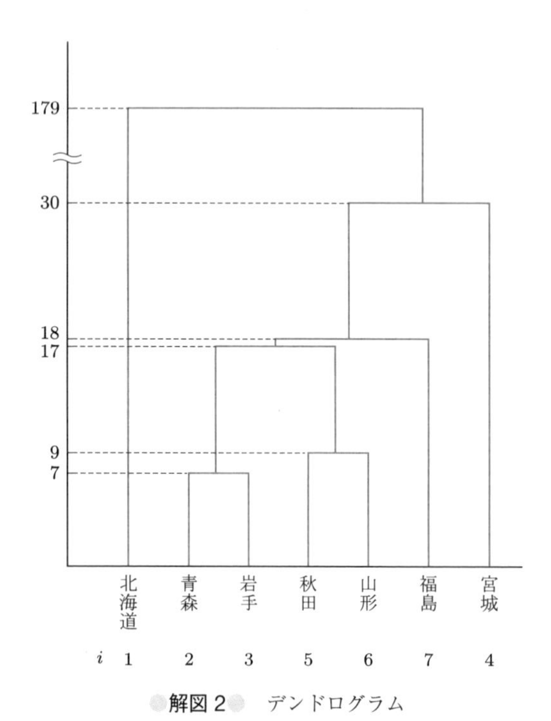

解図 2 デンドログラム

が，解表 20 から $C_5(2,3,4,5,6,7)$ が順に得られ，解表 21 となる．

最後に，地域 1 をクラスター C_5 に統合して，クラスター $C_6 = \{1,2,3,4,5,6,7\}$ を形成してクラスター分析は終了する．以上の計算過程から，デンドログラムを描くと，解図 2 を得る．

(2) 最大ノルム (7.5) を用いて，表 7.1 より対象地域間の距離を計算すると，解表 22 を得る．

解表 22 では最小値が 2 か所あるが，マンハッタン・ノルムのときと同様にして，$d_\infty(2,3) = 5$ を最小値とする．よって，クラスター 1 は $C_1 = \{2,3\} = C_1(2,3)$ と表現する．

同様に，解表 23 から $C_2(5,6)$ が，解表 24 から $C_3(2,3,5,6)$ が，解表 25 から $C_4(2,3,5,6,7)$ が，解表 26 から $C_5(2,3,4,5,6,7)$ が順に得られ，解表 27 となる．

解表 22 地域間の最大ノルム (1)

	1	2	3	4	5	6
1						
2	115					
3	113	(5)				
4	98	28	26			
5	122	22	17	35		
6	118	17	12	31	5	
7	99	16	14	18	23	19

解表 23 地域間の最大ノルム (2)

	1	4	5	6	7
1					
4	98				
5	122	35			
6	118	31	(5)		
7	99	18	23	19	
$C_1(2,3)$	113	26	17	12	14

解表 24 地域間の最大ノルム (3)

	1	4	7	C_2
1				
4	98			
7	99	18		
$C_2(5,6)$	118	31	19	
$C_1(2,3)$	113	26	14	(12)

解表 25 地域間の最大ノルム (4)

	1	4	7
1			
4	98		
7	99	18	
$C_3(2,3,5,6)$	113	26	(14)

解表 26 地域間の最大ノルム (5)

	1	4
1		
4	98	
$C_4(2,3,5,6,7)$	99	(18)

解表 27 地域間の最大ノルム (6)

	1
1	
$C_5(2,3,4,5,6,7)$	(98)

最後に，地域 1 をクラスター C_5 に統合して，クラスター $C_6 = \{1,2,3,4,5,6,7\}$ を形成してクラスター分析は終了する．

最大ノルムを用いたクラスター分析の計算過程より，最大ノルム下でのクラスター分析の結果は，(1) で解析したマンハッタン・ノルム下でのクラスター分析の結果と同じである．

8章

8.1 (1) まず，固有方程式より固有値を求める．

$$|R-\lambda I| = \begin{vmatrix} 1-\lambda & 0 & \alpha \\ 0 & 1-\lambda & \beta \\ \alpha & \beta & 1-\lambda \end{vmatrix} = (1-\lambda)^3 - \alpha^2(1-\lambda) - \beta^2(1-\lambda)$$

$$= (1-\lambda)\{(1-\lambda)^2 - \gamma^2\} = 0$$

ゆえに，固有値は大きい順に

$$\lambda_1 = 1+\gamma, \quad \lambda_2 = 1, \quad \lambda_3 = 1-\gamma$$

を得る．よって，第1主成分 z_1 を求めるために，$\lambda_1 = 1+\gamma$ に対応する，要素の2乗和が1の固有ベクトル $\boldsymbol{a} = (a_1, a_2, a_3)^T$ を求めよう．すなわち，$\boldsymbol{a}$ は

$$\begin{pmatrix} 1 & 0 & \alpha \\ 0 & 1 & \beta \\ \alpha & \beta & 1 \end{pmatrix} \begin{pmatrix} a_1 \\ a_2 \\ a_3 \end{pmatrix} = (1+\gamma) \begin{pmatrix} a_1 \\ a_2 \\ a_3 \end{pmatrix}$$

をみたすので，

$$\begin{cases} a_1 \qquad\quad + \alpha a_3 = (1+\gamma)a_1 \\ \qquad\quad a_2 + \beta a_3 = (1+\gamma)a_2 \\ \alpha a_1 + \beta a_2 + \ \ a_3 = (1+\gamma)a_3 \end{cases}$$

を得る．上式の1式目，2式目より

$$a_1 = \frac{\alpha}{\gamma}a_3, \quad a_2 = \frac{\beta}{\gamma}a_3$$

であるので，

$$a_1 : a_2 : a_3 = \alpha : \beta : \gamma$$

である．よって，$a_1^2 + a_2^2 + a_3^2 = 1$ であるので，

$$\sqrt{a^2 + \beta^2 + \gamma^2} = \sqrt{2\gamma^2} = \sqrt{2}\gamma$$

を用いて，

$$\boldsymbol{a} = \begin{pmatrix} \dfrac{\alpha}{\sqrt{2}\gamma} \\ \dfrac{\beta}{\sqrt{2}\gamma} \\ \dfrac{1}{\sqrt{2}} \end{pmatrix}$$

を得る．ゆえに，第1主成分 z_1 は

$$z_1 = \frac{\alpha}{\sqrt{2}\gamma}u_1 + \frac{\beta}{\sqrt{2}\gamma}u_2 + \frac{1}{\sqrt{2}}u_3$$

である．

つぎに，第 2 主成分 z_2 のために，$\lambda_2 = 1$ に対応する，要素の 2 乗和が 1 の固有ベクトル $\boldsymbol{b} = (b_1, b_2, b_3)^T$ を求めよう．すなわち，$\boldsymbol{b}$ は

$$\begin{pmatrix} 1 & 0 & \alpha \\ 0 & 1 & \beta \\ \alpha & \beta & 1 \end{pmatrix} \begin{pmatrix} b_1 \\ b_2 \\ b_3 \end{pmatrix} = \begin{pmatrix} b_1 \\ b_2 \\ b_3 \end{pmatrix}$$

をみたすので，

$$\begin{cases} b_1 \qquad\quad + \alpha b_3 = b_1 \\ \qquad\quad b_2 + \beta b_3 = b_2 \\ \alpha b_1 + \beta b_2 + \ \ b_3 = b_3 \end{cases}$$

を得る．上式の 1 式目または 2 式目より $b_3 = 0$ であるので，3 式目より

$$b_1 = -\frac{\beta}{\alpha} b_2$$

である．よって，

$$b_1 : b_2 : b_3 = \beta : -\alpha : 0$$

である．したがって，$b_1^2 + b_2^2 + b_3^2 = 1$ より

$$\sqrt{\beta^2 + \alpha^2 + 0^2} = \sqrt{\gamma^2} = \gamma$$

を用いて，

$$\boldsymbol{b} = \begin{pmatrix} \dfrac{\beta}{\gamma} \\ -\dfrac{\alpha}{\gamma} \\ 0 \end{pmatrix}$$

である．よって，第 2 主成分 z_2 は

$$z_2 = \frac{\beta}{\gamma} u_1 - \frac{\alpha}{\gamma} u_2$$

である．

最後に，第 3 主成分 z_3 を求めるために，$\lambda_3 = 1 - \gamma$ に対応する，要素の 2 乗和が 1 の固有ベクトル $\mathbf{c} = (c_1, c_2, c_3)^T$ を求めよう．すなわち，$\mathbf{c}$ は

$$\begin{pmatrix} 1 & 0 & \alpha \\ 0 & 1 & \beta \\ \alpha & \beta & 1 \end{pmatrix} \begin{pmatrix} c_1 \\ c_2 \\ c_3 \end{pmatrix} = (1 - \gamma) \begin{pmatrix} c_1 \\ c_2 \\ c_3 \end{pmatrix}$$

をみたすので，

$$\begin{cases} c_1 \qquad\quad + \alpha c_3 = (1 - \gamma) c_1 \\ \qquad\quad c_2 + \beta c_3 = (1 - \gamma) c_2 \\ \alpha c_1 + \beta c_2 + \ \ c_3 = (1 - \gamma) c_3 \end{cases}$$

を得る．上式の 1 式目，2 式目より

$$c_1 = -\frac{\alpha}{\gamma}c_3, \quad c_2 = -\frac{\beta}{\gamma}c_3$$

であるので，

$$c_1 : c_2 : c_3 = \alpha : \beta : -\gamma$$

を得る．よって，$c_1^2 + c_2^2 + c_3^2 = 1$ より

$$\sqrt{\alpha^2 + \beta^2 + \gamma^2} = \sqrt{2}\gamma$$

を用いて，

$$\boldsymbol{c} = \begin{pmatrix} \dfrac{\alpha}{\sqrt{2}\gamma} \\ \dfrac{\beta}{\sqrt{2}\gamma} \\ -\dfrac{1}{\sqrt{2}} \end{pmatrix}$$

である．ゆえに，第 3 主成分 z_3 は

$$z_3 = \frac{\alpha}{\sqrt{2}\gamma}u_1 + \frac{\beta}{\sqrt{2}\gamma}u_2 - \frac{1}{\sqrt{2}}u_3$$

である．

(2) 主成分 z_1, z_2, z_3 の寄与率は，それぞれ $\dfrac{1+\gamma}{3}, \dfrac{1}{3}, \dfrac{1-\gamma}{3}$ である．

(3) 因子負荷量は以下のとおりである．

$$r_{z_1x_1} = \sqrt{\lambda_1}a_1 = \sqrt{1+\gamma}\frac{\alpha}{\sqrt{2}\gamma} = \sqrt{\frac{1+\gamma}{2\gamma^2}}\alpha$$

$$r_{z_1x_2} = \sqrt{\lambda_1}a_2 = \sqrt{1+\gamma}\frac{\beta}{\sqrt{2}\gamma} = \sqrt{\frac{1+\gamma}{2\gamma^2}}\beta$$

$$r_{z_1x_3} = \sqrt{\lambda_1}a_3 = \sqrt{1+\gamma}\frac{1}{\sqrt{2}} = \sqrt{\frac{1+\gamma}{2}}$$

$$r_{z_2x_1} = \sqrt{\lambda_2}b_1 = \frac{\beta}{\gamma}$$

$$r_{z_2x_2} = \sqrt{\lambda_2}b_2 = -\frac{\alpha}{\gamma}$$

$$r_{z_2x_3} = \sqrt{\lambda_2}b_3 = 0$$

$$r_{z_3x_1} = \sqrt{\lambda_3}c_1 = \sqrt{1-\gamma}\frac{\alpha}{\sqrt{2}\gamma} = \sqrt{\frac{1-\gamma}{2\gamma^2}}\alpha$$

$$r_{z_3x_2} = \sqrt{\lambda_3}c_2 = \sqrt{1-\gamma}\frac{\beta}{\sqrt{2}\gamma} = \sqrt{\frac{1-\gamma}{2\gamma^2}}\beta$$

$$r_{z_3x_3} = \sqrt{\lambda_3}c_3 = \sqrt{1-\gamma}\left(-\frac{1}{\sqrt{2}}\right) = -\sqrt{\frac{1-\gamma}{2}}$$

8.2 $\alpha = 0.3, \beta = 0.4$ として解答を書く．固有方程式は

$$
\begin{aligned}
|R-\lambda I| &= \begin{vmatrix} 1-\lambda & 0 & \alpha & 0 \\ 0 & 1-\lambda & 0 & \beta \\ \alpha & 0 & 1-\lambda & 0 \\ 0 & \beta & 0 & 1-\lambda \end{vmatrix} \\
&= (1-\lambda)\begin{vmatrix} 1-\lambda & 0 & \beta \\ 0 & 1-\lambda & 0 \\ \beta & 0 & 1-\lambda \end{vmatrix} + \alpha \begin{vmatrix} 0 & 1-\lambda & \beta \\ \alpha & 0 & 0 \\ 0 & \beta & 1-\lambda \end{vmatrix} \\
&= (1-\lambda)\{(1-\lambda)^3 - \beta^2(1-\lambda)\} + \alpha\{\alpha\beta^2 - \alpha(1-\lambda)^2\} \\
&= (1-\lambda)^4 - (\alpha^2+\beta^2)(1-\lambda)^2 + \alpha^2\beta^2 \\
&= \{(1-\lambda)^2 - \alpha^2\}\{(1-\lambda)^2 - \beta^2\} = 0
\end{aligned}
$$

であるので，固有値は大きい順に

$$
\lambda_1 = 1+\beta, \quad \lambda_2 = 1+\alpha, \quad \lambda_3 = 1-\alpha, \quad \lambda_4 = 1-\beta
$$

である．

第 1 主成分 z_1 を求めるために，$\lambda_1 = 1+\beta$ に対応する，要素の 2 乗和が 1 の固有ベクトル $\boldsymbol{a} = (a_1, a_2, a_3, a_4)^T$ を求める．すなわち，$\boldsymbol{a}$ は

$$
\begin{pmatrix} 1 & 0 & \alpha & 0 \\ 0 & 1 & 0 & \beta \\ \alpha & 0 & 1 & 0 \\ 0 & \beta & 0 & 1 \end{pmatrix} \begin{pmatrix} a_1 \\ a_2 \\ a_3 \\ a_4 \end{pmatrix} = (1+\beta) \begin{pmatrix} a_1 \\ a_2 \\ a_3 \\ a_4 \end{pmatrix}
$$

をみたすので

$$
\begin{cases} a_1 + \alpha a_3 = (1+\beta)a_1 \\ a_2 + \beta a_4 = (1+\beta)a_2 \\ \alpha a_1 + a_3 = (1+\beta)a_3 \\ \beta a_2 + a_4 = (1+\beta)a_4 \end{cases}
$$

である．上式の 2 式目または 4 式目より

$$
a_2 = a_4
$$

である，1 式目と 3 式目より

$$
a_3 = \frac{\beta}{\alpha}a_1 \quad \text{かつ} \quad a_3 = \frac{\alpha}{\beta}a_1
$$

であるので，$a_1 = a_3 = 0$ である．ゆえに，

$$
\boldsymbol{a} = \begin{pmatrix} 0 \\ \dfrac{1}{\sqrt{2}} \\ 0 \\ \dfrac{1}{\sqrt{2}} \end{pmatrix}
$$

であるので，第 1 主成分 z_1 は

$$z_1 = \frac{1}{\sqrt{2}}u_2 + \frac{1}{\sqrt{2}}u_4$$

であり，z_1 の寄与率は $\dfrac{1+\beta}{4} = \dfrac{1.4}{4}$ である．

第 2 主成分 z_2 を求めるために，$\lambda_2 = 1+\alpha$ に対応する，要素の 2 乗和が 1 の固有ベクトル $\boldsymbol{b} = (b_1, b_2, b_3, b_4)^T$ を求める．すなわち，$\boldsymbol{b}$ は

$$\begin{pmatrix} 1 & 0 & \alpha & 0 \\ 0 & 1 & 0 & \beta \\ \alpha & 0 & 1 & 0 \\ 0 & \beta & 0 & 1 \end{pmatrix} \begin{pmatrix} b_1 \\ b_2 \\ b_3 \\ b_4 \end{pmatrix} = (1+\alpha) \begin{pmatrix} b_1 \\ b_2 \\ b_3 \\ b_4 \end{pmatrix}$$

をみたす．上式の 1 本目または 3 本目より

$$b_1 = b_3$$

であり，2 式目と 4 式目より

$$b_4 = \frac{\alpha}{\beta}b_2 \quad \text{かつ} \quad b_4 = \frac{\beta}{\alpha}b_2$$

であるので，$b_2 = b_4 = 0$ である．よって，

$$\boldsymbol{b} = \begin{pmatrix} \frac{1}{\sqrt{2}} \\ 0 \\ \frac{1}{\sqrt{2}} \\ 0 \end{pmatrix}$$

であるので，第 2 主成分 z_2 は

$$z_2 = \frac{1}{\sqrt{2}}u_1 + \frac{1}{\sqrt{2}}u_3$$

であり，z_2 の寄与率は $\dfrac{1+\alpha}{4} = \dfrac{1.3}{4}$ である．

つぎに，第 3 主成分 z_3 を求めるために，$\lambda_3 = 1-\alpha$ に対応する，要素の 2 乗和が 1 の固有ベクトル $\boldsymbol{c} = (c_1, c_2, c_3, c_4)^T$ を求める．すなわち，$\boldsymbol{c}$ は

$$\begin{pmatrix} 1 & 0 & \alpha & 0 \\ 0 & 1 & 0 & \beta \\ \alpha & 0 & 1 & 0 \\ 0 & \beta & 0 & 1 \end{pmatrix} \begin{pmatrix} c_1 \\ c_2 \\ c_3 \\ c_4 \end{pmatrix} = (1-\alpha) \begin{pmatrix} c_1 \\ c_2 \\ c_3 \\ c_4 \end{pmatrix}$$

をみたす．上式の 1 本目または 3 本目より

$$c_1 = -c_3$$

であり，2 本目と 4 本目より

$$c_4 = -\frac{\alpha}{\beta}c_2 \quad \text{かつ} \quad c_4 = -\frac{\beta}{\alpha}c_2$$

であるので，$c_2 = c_4 = 0$ である．よって，

$$\boldsymbol{c} = \begin{pmatrix} \frac{1}{\sqrt{2}} \\ 0 \\ -\frac{1}{\sqrt{2}} \\ 0 \end{pmatrix}$$

であるので，第 3 主成分 z_3 は

$$z_3 = \frac{1}{\sqrt{2}}u_1 - \frac{1}{\sqrt{2}}u_3$$

であり，z_3 の寄与率は $\frac{1-\alpha}{4} = \frac{0.7}{4}$ である．

最後に，第 4 主成分 z_4 を求めるために，$\lambda_4 = 1 - \beta$ に対応する，要素の 2 乗和が 1 の固有ベクトル $\boldsymbol{d} = (d_1, d_2, d_3, d_4)^T$ を求める．すなわち，$\boldsymbol{d}$ は

$$\begin{pmatrix} 1 & 0 & \alpha & 0 \\ 0 & 1 & 0 & \beta \\ \alpha & 0 & 1 & 0 \\ 0 & \beta & 0 & 1 \end{pmatrix} \begin{pmatrix} d_1 \\ d_2 \\ d_3 \\ d_4 \end{pmatrix} = (1-\beta) \begin{pmatrix} d_1 \\ d_2 \\ d_3 \\ d_4 \end{pmatrix}$$

をみたす．上式の 2 本目または 4 本目より

$$d_2 = -d_4$$

であり，1 本目と 3 本目より

$$d_3 = -\frac{\beta}{\alpha}d_1 \quad \text{かつ} \quad d_3 = -\frac{\alpha}{\beta}d_1$$

であるので，$d_1 = d_3 = 0$ である．よって，

$$\boldsymbol{d} = \begin{pmatrix} 0 \\ \frac{1}{\sqrt{2}} \\ 0 \\ -\frac{1}{\sqrt{2}} \end{pmatrix}$$

であるので，第 4 主成分 z_4 は

$$z_4 = \frac{1}{\sqrt{2}}u_2 - \frac{1}{\sqrt{2}}u_4$$

であり，z_4 の寄与率は $\frac{1-\beta}{4} = \frac{0.6}{4}$ である．

8.3 演習問題 3.2 の解答より，相関係数行列 R の固有値は，大きい順に

$$\lambda_1 = 1+\beta, \quad \lambda_2 = 1+\alpha, \quad \lambda_3 = 1, \quad \lambda_4 = 1-\alpha, \quad \lambda_5 = 1-\beta$$

であり，これら固有値に対応する，要素の 2 乗和が 1 の固有ベクトルは，それぞれ順に

$$\boldsymbol{a} = \begin{pmatrix} 0 \\ \frac{1}{\sqrt{2}} \\ 0 \\ 0 \\ \frac{1}{\sqrt{2}} \end{pmatrix}, \quad \boldsymbol{b} = \begin{pmatrix} 0 \\ 0 \\ \frac{1}{\sqrt{2}} \\ \frac{1}{\sqrt{2}} \\ 0 \end{pmatrix}, \quad \boldsymbol{c} = \begin{pmatrix} 1 \\ 0 \\ 0 \\ 0 \\ 0 \end{pmatrix}, \quad \boldsymbol{d} = \begin{pmatrix} 0 \\ 0 \\ \frac{1}{\sqrt{2}} \\ -\frac{1}{\sqrt{2}} \\ 0 \end{pmatrix}, \quad \boldsymbol{e} = \begin{pmatrix} 0 \\ \frac{1}{\sqrt{2}} \\ 0 \\ 0 \\ -\frac{1}{\sqrt{2}} \end{pmatrix}$$

である．これにより，以下が得られる．

(1) $z_1 = \dfrac{1}{\sqrt{2}}u_2 + \dfrac{1}{\sqrt{2}}u_5, \quad z_2 = \dfrac{1}{\sqrt{2}}u_3 + \dfrac{1}{\sqrt{2}}u_4, \quad z_3 = u_1$

(2) z_1 の寄与率 $= \dfrac{1+\beta}{5}$， z_2 の寄与率 $= \dfrac{1+\alpha}{5}$， z_3 の寄与率 $= \dfrac{1}{5}$

(3) $r_{z_1x_2} = \sqrt{\lambda_1}a_2 = \sqrt{\dfrac{1+\beta}{2}}, \quad r_{z_1x_3} = \sqrt{\lambda_1}a_3 = 0$

$r_{z_2x_2} = \sqrt{\lambda_2}b_2 = 0, \quad r_{z_2x_3} = \sqrt{\lambda_2}b_3 = \sqrt{\dfrac{1+\alpha}{2}}$

$r_{z_3x_2} = \sqrt{\lambda_3}c_2 = 0, \quad r_{z_3x_3} = \sqrt{\lambda_3}c_3 = 0$

9章

9.1 (1) 合格者の母集団 (1) からのデータを $(x_{11}, \ldots, x_{15})$，不合格者の母集団 (2) からのデータを $(x_{21}, \ldots, x_{25})$ とする．線形判別関数の推定式を求めるために，補助表（解表 28）を作成する．

補助表より，

$$\widehat{\mu}_1 = \overline{x}_1 = 5.7, \quad \widehat{\mu}_2 = \overline{x}_2 = 6.2$$

$$\widehat{\sigma}_2 = \frac{13.68 + 8.62}{8} = 2.7875, \quad \widehat{\widehat{\mu}} = \frac{5.7 + 6.2}{2} = 5.95$$

解表 28 補助表

i	x_{1i}	$x_{1i} - \overline{x}_1$	$(x_{1i} - \overline{x}_1)^2$	x_{2i}	$x_{2i} - \overline{x}_2$	$(x_{2i} - \overline{x}_2)^2$
1	5.0	−0.7	0.49	4.5	−1.7	2.89
2	4.8	−0.9	0.81	6.0	−0.2	0.04
3	7.2	1.5	2.25	8.5	2.3	5.29
4	8.0	2.3	5.29	5.6	−0.6	0.36
5	3.5	−2.2	4.84	6.4	0.2	0.04
計	28.5	0	13.68	31.0	0	8.62

$\overline{x}_1 = 5.7$　　$\overline{x}_2 = 6.2$

であるので，線形判別関数の推定式は

$$\hat{d}(x) = \frac{5.7 - 6.2}{2.7875}(x - 5.95) = -0.179(x - 5.95)$$

である．
(2) 合否を判定する学生の睡眠時間は 4 時間であるので，(1) で求めた式に $x = 4$ を代入すると

$$\hat{d}(x) = -0.179(4 - 5.95) = 0.349 \geqq 0$$

であるので，この学生は合格と判定される．

9.2 (1) ダミー変数として

$$x_i = \begin{cases} 1, & \text{学生 } i \text{ の睡眠時間が多い} \\ 0, & \text{学生 } i \text{ の睡眠時間が少ない} \end{cases}$$

を導入する．線形判別関数の推定式を求めるために，補助表（解表 29）を作成する．

解表 29 補助表

i	x_{1i}	$x_{1i} - \overline{x}_1$	$(x_{1i} - \overline{x}_1)^2$	x_{2i}	$x_{2i} - \overline{x}_2$	$(x_{2i} - \overline{x}_2)^2$
1	0	−0.4	0.16	0	−0.6	0.36
2	0	−0.4	0.16	1	0.4	0.16
3	1	0.6	0.36	1	0.4	0.16
4	1	0.6	0.36	0	−0.6	0.36
5	0	−0.4	0.16	1	0.4	0.16
計	2	0	1.20	3	0	1.20

$\overline{x}_1 = 0.4$　　$\overline{x}_2 = 0.6$

補助表より，

$$\hat{\mu}_1 = \overline{x}_1 = 0.4, \quad \hat{\mu}_2 = \overline{x}_2 = 0.6$$

$$\hat{\sigma}_2 = \frac{1.20 + 1.20}{8} = 0.30, \quad \hat{\overline{\mu}} = \frac{0.4 + 0.6}{2} = 0.5$$

であるので，線形判別関数の推定式は

$$\hat{d}(x) = \frac{0.4 - 0.6}{0.30}(x - 0.5) = -0.667(x - 0.5)$$

である．
(2) 睡眠時間が 4 時間の学生は，睡眠時間が少ないと分類されるので，(1) の判別式に $x = 0$ を代入すれば，

$$\hat{d}(x) = -0.667(0 - 0.5) = 0.3335 \geqq 0$$

となる．よって，この学生は合格と判定される．

付表 1 標準正規分布表 (1)

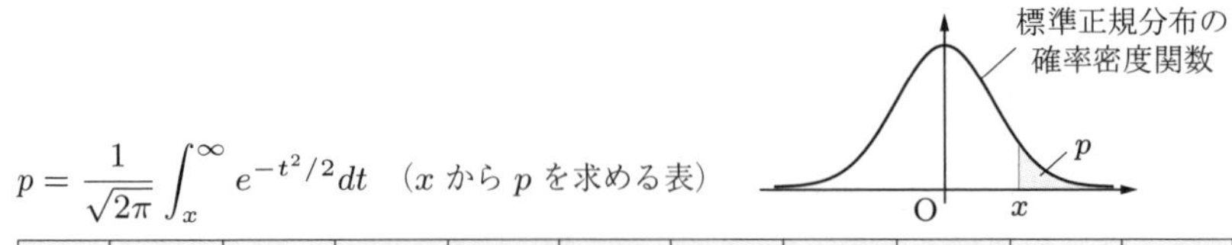

$$p = \frac{1}{\sqrt{2\pi}} \int_x^{\infty} e^{-t^2/2} dt$$ （x から p を求める表）

x	$*=0$	1	2	3	4	5	6	7	8	9
0.0*	.5000	.4960	.4920	.4880	.4840	.4801	.4761	.4721	.4681	.4641
0.1*	.4602	.4562	.4522	.4483	.4443	.4404	.4364	.4325	.4286	.4247
0.2*	.4207	.4168	.4129	.4090	.4052	.4013	.3974	.3936	.3897	.3859
0.3*	.3821	.3733	.3745	.3707	.3669	.3632	.3594	.3557	.3520	.3483
0.4*	.3446	.3409	.3372	.3336	.3300	.3264	.3228	.3192	.3156	.3121
0.5*	.3085	.3050	.3015	.2981	.2946	.2912	.2877	.2843	.2810	.2776
0.6*	.2743	.2709	.2676	.2643	.2611	.2578	.2546	.2514	.2483	.2451
0.7*	.2420	.2389	.2358	.2327	.2296	.2266	.2236	.2206	.2177	.2148
0.8*	.2119	.2090	.2061	.2033	.2005	.1977	.1949	.1922	.1894	.1867
0.9*	.1841	.1814	.1788	.1762	.1736	.1711	.1685	.1660	.1635	.1611
1.0*	.1587	.1562	.1539	.1515	.1492	.1469	.1446	.1423	.1401	.1379
1.1*	.1357	.1335	.1314	.1292	.1271	.1251	.1230	.1210	.1190	.1170
1.2*	.1151	.1131	.1112	.1093	.1075	.1056	.1038	.1020	.1003	.0985
1.3*	.0968	.0951	.0934	.0918	.0901	.0885	.0869	.0853	.0838	.0823
1.4*	.0808	.0793	.0778	.0764	.0749	.0735	.0721	.0708	.0694	.0681
1.5*	.0668	.0655	.0643	.0630	.0618	.0606	.0594	.0582	.0571	.0559
1.6*	.0548	.0537	.0526	.0516	.0505	.0495	.0485	.0475	.0465	.0455
1.7*	.0446	.0436	.0427	.0418	.0409	.0401	.0392	.0384	.0375	.0367
1.8*	.0359	.0351	.0344	.0336	.0329	.0322	.0314	.0307	.0301	.0294
1.9*	.0287	.0281	.0274	.0268	.0262	.0256	.0250	.0244	.0239	.0233
2.0*	.0228	.0222	.0217	.0212	.0207	.0202	.0197	.0192	.0188	.0183
2.1*	.0179	.0174	.0170	.0166	.0162	.0158	.0154	.0150	.0146	.0143
2.2*	.0139	.0136	.0132	.0129	.0125	.0122	.0119	.0116	.0113	.0110
2.3*	.0107	.0104	.0102	.0099	.0096	.0094	.0091	.0089	.0087	.0084
2.4*	.0082	.0080	.0078	.0075	.0073	.0071	.0069	.0068	.0066	.0064
2.5*	.0062	.0060	.0059	.0057	.0055	.0054	.0052	.0051	.0049	.0048
2.6*	.0047	.0045	.0044	.0043	.0041	.0040	.0039	.0038	.0037	.0036
2.7*	.0035	.0034	.0033	.0032	.0031	.0030	.0029	.0028	.0027	.0026
2.8*	.0026	.0025	.0024	.0023	.0023	.0022	.0021	.0021	.0020	.0019
2.9*	.0019	.0018	.0018	.0017	.0016	.0016	.0015	.0015	.0014	.0014
3.0*	.0013	.0013	.0013	.0012	.0012	.0011	.0011	.0011	.0010	.0010

付表2 標準正規分布表 (2)

$p = \frac{1}{\sqrt{2\pi}} \int_x^{\infty} e^{-t^2/2} dt$ （p から x を求める表）

p	$* = 0$	1	2	3	4	5	6	7	8	9
0.00*	-	3.090	2.878	2.748	2.652	2.576	2.512	2.457	2.409	2.366
0.01*	2.326	2.290	2.257	2.226	2.197	2.170	2.144	2.120	2.097	2.075
0.02*	2.054	2.034	2.014	1.995	1.977	1.960	1.943	1.927	1.911	1.896
0.03*	1.881	1.866	1.852	1.838	1.825	1.812	1.799	1.787	1.774	1.762
0.04*	1.751	1.739	1.728	1.717	1.706	1.695	1.685	1.675	1.665	1.655
0.05*	1.645	1.635	1.626	1.616	1.607	1.598	1.589	1.580	1.572	1.563
0.06*	1.555	1.546	1.538	1.530	1.522	1.514	1.506	1.499	1.491	1.483
0.07*	1.476	1.468	1.461	1.454	1.447	1.440	1.433	1.426	1.419	1.412
0.08*	1.405	1.398	1.392	1.385	1.379	1.372	1.366	1.359	1.353	1.347
0.09*	1.341	1.335	1.329	1.323	1.317	1.311	1.305	1.299	1.293	1.287
0.10*	1.282	1.276	1.270	1.265	1.259	1.254	1.248	1.243	1.237	1.232
0.11*	1.227	1.221	1.216	1.211	1.206	1.200	1.195	1.190	1.185	1.180
0.12*	1.175	1.170	1.165	1.160	1.155	1.150	1.146	1.141	1.136	1.131
0.13*	1.126	1.122	1.117	1.112	1.108	1.103	1.098	1.094	1.089	1.085
0.14*	1.080	1.076	1.071	1.067	1.063	1.058	1.054	1.049	1.045	1.041
0.15*	1.036	1.032	1.028	1.024	1.019	1.015	1.011	1.007	1.003	0.9986
0.16*	0.9945	0.9904	0.9863	0.9822	0.9782	0.9741	0.9701	0.9661	0.9621	0.9581
0.17*	0.9542	0.9502	0.9463	0.9424	0.9385	0.9346	0.9307	0.9269	0.9230	0.9192
0.18*	0.9154	0.9116	0.9078	0.9040	0.9002	0.8965	0.8927	0.8890	0.8853	0.8816
0.19*	0.8779	0.8742	0.8705	0.8669	0.8633	0.8596	0.8560	0.8524	0.8488	0.8452
0.20*	0.8416	0.8381	0.8345	0.8310	0.8274	0.8239	0.8204	0.8169	0.8134	0.8099
0.21*	0.8064	0.8030	0.7995	0.7961	0.7926	0.7892	0.7858	0.7824	0.7790	0.7756
0.22*	0.7722	0.7688	0.7655	0.7621	0.7588	0.7554	0.7521	0.7488	0.7454	0.7421
0.23*	0.7388	0.7356	0.7323	0.7290	0.7257	0.7225	0.7192	0.7160	0.7128	0.7095
0.24*	0.7063	0.7031	0.6999	0.6967	0.6935	0.6903	0.6871	0.6840	0.6808	0.6776
0.25*	0.6745	0.6713	0.6682	0.6651	0.6620	0.6588	0.6557	0.6526	0.6495	0.6464
0.26*	0.6433	0.6403	0.6372	0.6341	0.6311	0.6280	0.6250	0.6219	0.6189	0.6158
0.27*	0.6128	0.6098	0.6068	0.6038	0.6008	0.5978	0.5948	0.5918	0.5888	0.5858
0.28*	0.5828	0.5799	0.5769	0.5740	0.5710	0.5681	0.5651	0.5622	0.5592	0.5563
0.29*	0.5534	0.5505	0.5476	0.5446	0.5417	0.5388	0.5359	0.5330	0.5302	0.5273
0.30*	0.5244	0.5215	0.5187	0.5158	0.5129	0.5101	0.5072	0.5044	0.5015	0.4987
0.31*	0.4959	0.4930	0.4902	0.4874	0.4845	0.4817	0.4789	0.4761	0.4733	0.4705
0.32*	0.4677	0.4649	0.4621	0.4593	0.4565	0.4538	0.4510	0.4482	0.4454	0.4427
0.33*	0.4399	0.4372	0.4344	0.4316	0.4289	0.4261	0.4234	0.4207	0.4179	0.4152
0.34*	0.4125	0.4097	0.4070	0.4043	0.4016	0.3989	0.3961	0.3934	0.3907	0.3880
0.35*	0.3853	0.3826	0.3799	0.3772	0.3745	0.3719	0.3692	0.3665	0.3638	0.3611
0.36*	0.3585	0.3558	0.3531	0.3505	0.3478	0.3451	0.3425	0.3398	0.3372	0.3345
0.37*	0.3319	0.3292	0.3266	0.3239	0.3213	0.3186	0.3160	0.3134	0.3107	0.3081
0.38*	0.3055	0.3029	0.3002	0.2976	0.2950	0.2924	0.2898	0.2871	0.2845	0.2819
0.39*	0.2793	0.2767	0.2741	0.2715	0.2689	0.2663	0.2637	0.2611	0.2585	0.2559
0.40*	0.2533	0.2508	0.2482	0.2456	0.2430	0.2404	0.2378	0.2353	0.2327	0.2301
0.41*	0.2275	0.2250	0.2224	0.2198	0.2173	0.2147	0.2121	0.2096	0.2070	0.2045
0.42*	0.2019	0.1993	0.1968	0.1942	0.1917	0.1891	0.1866	0.1840	0.1815	0.1789
0.43*	0.1764	0.1738	0.1713	0.1687	0.1662	0.1637	0.1611	0.1586	0.1560	0.1535
0.44*	0.1510	0.1484	0.1459	0.1434	0.1408	0.1383	0.1358	0.1332	0.1307	0.1282
0.45*	0.1257	0.1231	0.1206	0.1181	0.1156	0.1130	0.1105	0.1080	0.1055	0.1030
0.46*	0.1004	0.0979	0.0954	0.0929	0.0904	0.0878	0.0853	0.0828	0.0803	0.0778
0.47*	0.0753	0.0728	0.0702	0.0677	0.0652	0.0627	0.0602	0.0577	0.0552	0.0527
0.48*	0.0502	0.0476	0.0451	0.0426	0.0401	0.0376	0.0351	0.0326	0.0301	0.0276
0.49*	0.0251	0.0226	0.0201	0.0175	0.0150	0.0125	0.0100	0.0075	0.0050	0.0025

付表 3 χ^2 分布表

$\chi^2(\phi, p)$
（自由度 ϕ と上側確率 p から χ^2 を求める表）

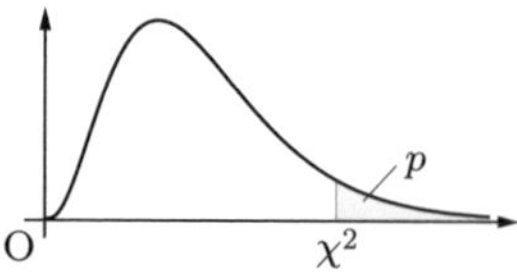

ϕ \ p	0.995	0.99	0.975	0.95	0.05	0.025	0.01	0.005
1	0.0^4393	0.0^3157	0.0^3982	0.0^2393	3.84	5.02	6.63	7.88
2	0.01	0.0201	0.0506	0.103	5.99	7.38	9.21	10.60
3	0.072	0.115	0.216	0.352	7.81	9.35	11.34	12.84
4	0.207	0.297	0.484	0.711	9.49	11.14	13.28	14.86
5	0.412	0.554	0.831	1.145	11.07	12.83	15.09	16.75
6	0.676	0.872	1.237	1.635	12.59	14.45	16.81	18.55
7	0.989	1.239	1.690	2.170	14.07	16.01	18.48	20.3
8	1.344	1.646	2.180	2.730	15.51	17.53	20.1	22.0
9	1.735	2.090	2.700	3.330	16.92	19.02	21.7	23.6
10	2.16	2.56	3.25	3.94	18.31	20.5	23.2	25.2
11	2.60	3.05	3.82	4.57	19.68	21.9	24.7	26.8
12	3.07	3.57	4.40	5.23	21.0	23.3	26.2	28.3
13	3.57	4.11	5.01	5.89	22.4	24.7	27.7	29.8
14	4.07	4.66	5.63	6.57	23.7	26.1	29.1	31.3
15	4.60	5.23	6.26	7.26	25.0	27.5	30.6	32.8
16	5.14	5.81	6.91	7.96	26.3	28.8	32.0	34.3
17	5.70	6.41	7.56	8.67	27.6	30.2	33.4	35.7
18	6.26	7.01	8.23	9.39	28.9	31.5	34.8	37.2
19	6.84	7.63	8.91	10.12	30.1	32.9	36.2	38.6
20	7.43	8.26	9.59	10.85	31.4	34.2	37.6	40.4
21	8.03	8.90	10.28	11.59	32.7	35.5	38.9	41.4
22	8.64	9.54	10.98	12.34	33.9	36.8	40.3	42.8
23	9.26	10.20	11.69	13.09	35.2	38.1	41.6	44.2
24	9.89	10.86	12.40	13.85	36.4	39.4	43.0	45.6
25	10.52	11.52	13.12	14.61	37.7	40.6	44.3	46.9
26	11.16	12.20	13.84	15.38	38.9	41.9	45.6	48.3
27	11.81	12.88	14.57	16.15	40.1	43.2	47.0	49.6
28	12.46	13.56	15.31	16.93	41.3	44.5	48.3	51.0
29	13.12	14.26	16.05	17.71	42.6	45.7	49.6	52.3
30	13.79	14.95	16.79	18.49	43.8	47.0	50.9	53.7
40	20.7	22.2	24.4	26.5	55.8	59.3	63.7	66.8
50	28.0	29.7	32.4	34.8	67.5	71.4	76.2	79.5
60	35.5	37.5	40.5	43.2	79.1	83.3	88.4	92.0
70	43.3	45.4	48.8	51.7	90.5	95.0	100.4	104.2
80	51.2	53.5	57.2	60.4	101.9	106.6	112.3	116.3
90	59.2	61.8	65.6	69.1	113.1	118.1	124.1	128.3
100	67.3	70.1	74.2	77.9	124.3	129.6	135.8	140.2

付表 4 t 分布表

$t(\phi, p)$
$\left(\begin{array}{l}\text{自由度 } \phi \text{ と両側確率 } p \\ \text{とから } t \text{ を求める表}\end{array}\right)$

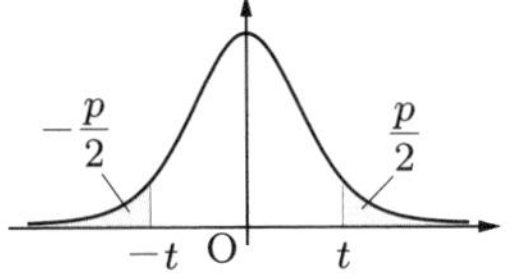

ϕ \ p	0.10	0.05	0.02	0.01	0.001
1	6.314	12.706	31.821	63.657	636.619
2	2.920	4.303	6.965	9.925	31.599
3	2.353	3.182	4.541	5.841	12.924
4	2.132	2.776	3.747	4.604	8.610
5	2.015	2.571	3.365	4.032	6.869
6	1.943	2.447	3.143	3.707	5.959
7	1.895	2.365	2.998	3.499	5.408
8	1.896	2.306	2.896	3.355	5.041
9	1.833	2.262	2.821	3.250	4.781
10	1.812	2.228	2.764	3.169	4.587
11	1.796	2.201	2.718	3.106	4.437
12	1.782	2.179	2.681	3.055	4.318
13	1.771	2.160	2.650	3.012	4.221
14	1.761	2.145	2.624	2.977	4.140
15	1.753	2.131	2.602	2.947	4.073
16	1.746	2.120	2.583	2.921	4.015
17	1.740	2.110	2.567	2.898	3.965
18	1.734	2.101	2.552	2.878	3.922
19	1.729	2.093	2.539	2.861	3.883
20	1.725	2.086	2.528	2.845	3.850
21	1.721	2.080	2.518	2.831	3.819
22	1.717	2.074	2.508	2.819	3.792
23	1.714	2.069	2.500	2.807	3.768
24	1.711	2.064	2.492	2.797	3.745
25	1.708	2.060	2.485	2.787	3.725
26	1.706	2.056	2.479	2.779	3.707
27	1.703	2.052	2.473	2.771	3.690
28	1.701	2.048	2.467	2.763	3.674
29	1.699	2.045	2.462	2.756	3.659
30	1.697	2.042	2.457	2.750	3.646
40	1.684	2.021	2.423	2.704	3.551
60	1.671	2.000	2.390	2.660	3.460
120	1.658	1.980	2.358	2.617	3.373
∞	1.645	1.960	2.326	2.576	3.291

付表 5 F 分布表 (5%)

$F(\phi_1, \phi_2;\ 0.05)$

(分子の自由度 ϕ_1，分母の自由度 ϕ_2 から，上側確率 5%に対する F の値を求める表)

ϕ_2 \ ϕ_1	1	2	2	4	5	6	7	8	9	10	12	15	20	24	30	40	60	120	∞
1	161.	200.	216.	225.	230.	234.	237.	239.	241.	242.	244.	246.	248.	249.	250.	251.	252.	253.	254.
2	18.50	19.00	19.20	19.20	19.30	19.30	19.40	19.40	19.40	19.40	19.40	19.40	19.40	19.50	19.50	19.50	19.50	19.50	19.50
3	10.10	9.55	9.28	9.12	9.01	8.94	8.89	8.85	8.81	8.79	8.74	8.70	8.66	8.64	8.62	8.59	8.57	8.55	8.53
4	7.71	6.94	6.59	6.39	6.26	6.16	6.09	6.04	6.00	5.96	5.91	5.86	5.80	6.77	5.75	5.72	5.69	5.66	5.63
5	6.61	5.79	5.41	5.19	5.05	4.95	4.88	4.82	4.77	4.74	4.68	4.62	4.56	4.53	4.50	4.46	4.43	4.40	4.36
6	5.99	5.14	4.76	4.53	4.39	4.28	4.21	4.15	4.10	4.06	4.00	3.94	3.87	3.84	3.81	3.77	3.74	3.70	3.67
7	5.59	4.74	4.35	4.12	3.97	3.87	3.79	3.73	3.68	3.64	3.57	3.51	3.44	3.41	3.38	3.34	3.30	3.27	3.23
8	5.32	4.46	4.07	3.84	3.69	3.58	3.50	3.44	3.39	3.35	3.28	3.22	3.15	3.12	3.08	3.04	3.01	2.97	2.93
9	5.12	4.26	3.86	3.63	3.48	3.37	3.29	3.23	3.18	3.14	3.07	3.01	2.94	2.90	2.86	2.83	2.79	2.75	2.71
10	4.96	4.10	3.71	3.48	3.33	3.22	3.14	3.07	3.02	2.98	2.91	2.85	2.77	2.74	2.70	2.66	2.62	2.58	2.54
11	4.84	3.98	3.59	3.36	3.20	3.09	3.01	2.95	2.90	2.85	2.79	2.72	2.65	2.61	2.57	2.53	2.49	2.45	2.40
12	4.75	3.89	3.49	3.26	3.11	3.00	2.91	2.85	2.80	2.75	2.69	2.62	2.54	2.51	2.47	2.43	2.38	2.34	2.30
13	4.67	3.81	3.41	3.18	3.03	2.92	2.83	2.77	2.71	2.67	2.60	2.53	2.46	2.42	2.38	2.34	2.30	2.25	2.21
14	4.60	3.74	3.34	3.11	2.96	2.85	2.76	2.70	2.65	2.60	2.53	2.46	2.39	2.35	2.31	2.27	2.22	2.18	2.13
15	4.54	3.68	3.29	3.06	2.90	2.79	2.71	2.64	2.59	2.54	2.48	2.40	2.33	2.29	2.25	2.20	2.16	2.11	2.07
16	4.49	3.63	3.24	3.01	2.85	2.74	2.66	2.59	2.54	2.49	2.42	2.35	2.28	2.24	2.19	2.15	2.11	2.06	2.01
17	4.45	3.59	3.20	2.96	2.81	2.70	2.61	2.55	2.49	2.45	2.38	2.31	2.23	2.19	2.15	2.10	2.06	2.01	1.96
18	4.41	3.55	3.16	2.93	2.77	2.66	2.58	2.51	2.46	2.41	2.34	2.27	2.19	2.15	2.11	2.06	2.02	1.97	1.92
19	4.38	3.52	3.13	2.90	2.74	2.63	2.54	2.48	2.42	2.38	2.31	2.23	2.16	2.11	2.07	2.03	1.98	1.93	1.88
20	4.35	3.49	3.10	2.87	2.71	2.60	2.51	2.45	2.39	2.35	2.28	2.20	2.12	2.08	2.04	1.99	1.95	1.90	1.84
21	4.32	3.47	3.07	2.84	2.68	2.57	2.49	2.42	2.37	2.32	2.25	2.18	2.10	2.05	2.01	1.96	1.92	1.87	1.81
22	4.30	3.44	3.05	2.82	2.66	2.55	2.46	2.40	2.34	2.30	2.23	2.15	2.07	2.03	1.98	1.94	1.89	1.84	1.78
23	4.28	3.42	3.03	2.80	2.64	2.53	2.44	2.37	2.32	2.27	2.20	2.13	2.05	2.01	1.96	1.91	1.86	1.81	1.76
24	4.26	3.40	3.01	2.78	2.62	2.51	2.42	2.36	2.30	2.25	2.18	2.11	2.03	1.98	1.94	1.89	1.84	1.79	1.73
25	4.24	3.39	2.99	2.76	2.60	2.49	2.40	2.34	2.28	2.24	2.16	2.09	2.01	1.96	1.92	1.87	1.82	1.77	1.71
26	4.23	3.37	2.98	2.74	2.59	2.47	2.39	2.32	2.27	2.22	2.15	2.07	1.99	1.95	1.90	1.85	1.80	1.75	1.69
27	4.21	3.35	2.96	2.73	2.57	2.46	2.37	2.31	2.25	2.20	2.13	2.06	1.97	1.93	1.88	1.84	1.79	1.73	1.67
28	4.20	3.34	2.95	2.71	2.56	2.45	2.36	2.29	2.24	2.19	2.12	2.04	1.96	1.91	1.87	1.82	1.77	1.71	1.65
29	4.18	3.33	2.93	2.70	2.55	2.43	2.35	2.28	2.22	2.18	2.10	2.03	1.94	1.90	1.85	1.81	1.75	1.70	1.64
30	4.17	3.32	2.92	2.69	2.53	2.42	2.33	2.27	2.21	2.16	2.09	2.01	1.93	1.89	1.84	1.79	1.74	1.68	1.62
40	4.08	3.23	2.84	2.61	2.45	2.34	2.25	2.18	2.12	2.08	2.00	1.92	1.84	1.79	1.74	1.69	1.64	1.58	1.51
60	4.00	3.15	2.76	2.53	2.37	2.25	2.17	2.10	2.04	1.99	1.92	1.84	1.75	1.70	1.65	1.59	1.53	1.47	1.39
120	3.92	3.07	2.68	2.45	2.29	2.18	2.09	2.02	1.96	1.91	1.83	1.75	1.66	1.61	1.55	1.50	1.43	1.35	1.25
∞	3.84	3.00	2.60	2.37	2.21	2.10	2.01	1.94	1.88	1.83	1.75	1.67	1.57	1.52	1.46	1.39	1.32	1.22	1.00

付表 6　F 分布表 (2.5%)

$F(\phi_1, \phi_2;\ 0.025)$
(分子の自由度 ϕ_1，分母の自由度 ϕ_2 の F 分布の上側確率 2.5%の点を求める表)

ϕ_2 \ ϕ_1	1	2	2	4	5	6	7	8	9	10	12	15	20	24	30	40	60	120	∞
1	648.	800.	864.	900.	922.	937.	948.	957.	963.	969.	977.	985.	993.	997.	1001.	1006.	1010.	1014.	1018.
2	38.5	39.0	39.2	39.2	39.3	39.3	39.4	39.4	39.4	39.4	39.4	39.4	39.4	39.5	39.5	39.5	39.5	39.5	39.5
3	17.4	16.0	15.4	15.1	14.9	14.7	14.6	14.5	14.5	14.4	14.3	14.3	14.2	14.1	14.1	14.0	14.0	13.9	13.9
4	12.2	10.6	9.98	9.60	9.36	9.20	9.07	8.98	8.90	8.84	8.75	8.66	8.56	8.51	8.46	8.41	8.36	8.31	8.26
5	10.00	8.43	7.76	7.39	7.15	6.98	6.85	6.76	6.68	6.62	6.52	6.43	6.33	6.28	6.23	6.18	6.12	6.07	6.02
6	8.81	7.26	6.60	6.23	5.99	5.82	5.70	5.60	5.52	5.46	5.37	5.27	5.17	5.12	5.07	5.01	4.96	4.90	4.85
7	8.07	6.54	5.89	5.52	5.29	5.12	4.99	4.90	4.82	4.76	4.67	4.57	4.47	4.42	4.36	4.31	4.25	4.20	4.14
8	7.57	6.06	5.42	5.05	4.82	4.65	4.53	4.43	4.36	4.30	4.20	4.10	4.00	3.95	3.89	3.84	3.78	3.73	3.67
9	7.21	5.71	5.08	4.72	4.48	4.32	4.20	4.10	4.03	3.96	3.87	3.77	3.67	3.61	3.56	3.51	3.45	3.39	3.33
10	6.94	5.46	4.83	4.47	4.24	4.07	3.95	3.85	3.78	3.72	3.62	3.52	3.42	3.37	3.31	3.26	3.20	3.14	3.08
11	6.72	5.26	4.63	4.28	4.04	3.88	3.76	3.66	3.59	3.53	3.43	3.33	3.23	3.17	3.12	3.06	3.00	2.94	2.88
12	6.55	5.10	4.47	4.12	3.89	3.73	3.61	3.51	3.44	3.37	3.28	3.18	3.07	3.02	2.96	2.91	2.85	2.79	2.72
13	6.41	4.97	4.35	4.00	3.77	3.60	3.48	3.39	3.31	3.25	3.15	3.05	2.95	2.89	2.84	2.78	2.72	2.66	2.60
14	6.30	4.86	4.24	3.89	3.66	3.50	3.38	3.29	3.21	3.15	3.05	2.95	2.84	2.79	2.73	2.67	2.61	2.55	2.49
15	6.20	4.77	4.15	3.80	3.58	3.41	3.29	3.20	3.12	3.06	2.96	2.86	2.76	2.70	2.64	2.59	2.52	2.46	2.40
16	6.12	4.69	4.08	3.73	3.50	3.34	3.22	3.12	3.05	2.99	2.89	2.79	2.68	2.63	2.57	2.51	2.45	2.38	2.32
17	6.04	4.62	4.01	3.66	3.44	3.28	3.16	3.06	2.98	2.92	2.82	2.72	2.62	2.56	2.50	2.44	2.38	2.32	2.25
18	5.98	4.56	3.95	3.61	3.38	3.22	3.10	3.01	2.93	2.87	2.77	2.67	2.56	2.50	2.44	2.38	2.32	2.26	2.19
19	5.92	4.51	3.90	3.56	3.33	3.17	3.05	2.96	2.88	2.82	2.72	2.62	2.51	2.45	2.39	2.33	2.27	2.20	2.13
20	5.87	4.46	3.86	3.51	3.29	3.13	3.01	2.91	2.84	2.77	2.68	2.57	2.46	2.41	2.35	2.29	2.22	2.16	2.09
21	5.83	4.42	3.82	3.48	3.25	3.09	2.97	2.87	2.80	2.73	2.64	2.53	2.42	2.37	2.31	2.25	2.18	2.11	2.04
22	5.79	4.38	3.78	3.44	3.22	3.05	2.93	2.84	2.76	2.70	2.60	2.50	2.39	2.33	2.27	2.21	2.14	2.08	2.00
23	5.75	4.35	3.75	3.41	3.18	3.02	2.90	2.81	2.73	2.67	2.57	2.47	2.36	2.30	2.24	2.18	2.11	2.04	1.97
24	5.72	4.32	3.72	3.38	3.15	2.99	2.87	2.78	2.70	2.64	2.54	2.44	2.33	2.27	2.21	2.15	2.08	2.01	1.94
25	5.69	4.29	3.69	3.35	3.13	2.97	2.85	2.75	2.68	2.61	2.51	2.41	2.30	2.24	2.18	2.12	2.05	1.98	1.91
26	5.66	4.27	3.67	3.33	3.10	2.94	2.82	2.73	2.65	2.59	2.49	2.39	2.28	2.22	2.16	2.09	2.03	1.95	1.88
27	5.63	4.24	3.65	3.31	3.08	2.92	2.80	2.71	2.63	2.57	2.47	2.36	2.25	2.19	2.13	2.07	2.00	1.93	1.85
28	5.61	4.22	3.63	3.29	3.06	2.90	2.78	2.69	2.61	2.55	2.45	2.34	2.23	2.17	2.11	2.05	1.98	1.91	1.83
29	5.59	4.20	3.61	3.27	3.04	2.88	2.76	2.67	2.59	2.53	2.43	2.32	2.21	2.15	2.09	2.03	1.96	1.89	1.81
30	5.57	4.18	3.59	3.25	3.03	2.87	2.75	2.65	2.57	2.51	2.41	2.31	2.20	2.14	2.07	2.01	1.94	1.87	1.79
40	5.42	4.05	3.46	3.13	2.90	2.74	2.62	2.53	2.45	2.39	2.29	2.18	2.07	2.01	1.94	1.88	1.80	1.72	1.64
60	5.29	3.93	3.34	3.01	2.79	2.63	2.51	2.41	2.33	2.27	2.17	2.06	1.94	1.88	1.82	1.74	1.67	1.58	1.48
120	5.15	3.80	3.23	2.89	2.67	2.52	2.39	2.30	2.22	2.16	2.05	1.94	1.82	1.76	1.69	1.61	1.53	1.43	1.31
∞	5.02	3.69	3.12	2.79	2.57	2.41	2.29	2.19	2.11	2.05	1.94	1.83	1.71	1.64	1.57	1.48	1.39	1.27	1.00

参考文献

[1]「平成 26 年商業統計表　業態別統計編（小売業）」（経済産業省）
[2]「平成 27 年国勢調査　就業状態等基本集計結果」（総務省統計局）
[3]「2018 年　家計調査/家計収支編 総世帯 詳細結果表」（総務省統計局）
[4]「電力統計情報」（電気事業連合会）
[5]「四半期別 GDP 速報　2017 年 7-9 月期」（内閣府）
[6]「商業動態統計」（経済産業省）
[7]「第 65 回　日本統計年鑑　平成 28 年」（総務省統計局）
[8]「日本の統計 2016」（総務省統計局）

索　引

著 者 略 歴

加藤　豊（かとう・ゆたか）

1975 年　慶応義塾大学工学研究科博士課程修了

　　　　（管理工学専攻）

現　在　法政大学名誉教授

　　　　工学博士

編集担当　太田陽喬（森北出版）

編集責任　上村紗帆（森北出版）

組　　版　中央印刷

印　　刷　　同

製　　本　ブックアート

例題でよくわかる

はじめての多変量解析

2020 年 5 月 28 日　第 1 版第 1 刷発行

2022 年 8 月 8 日　第 1 版第 2 刷発行

著　　者　加藤　豊

発 行 者　森北博巳

発 行 所　森北出版株式会社

東京都千代田区富士見 1-4-11（〒102-0071）

電話 03-3265-8341／FAX 03-3264-8709

https://www.morikita.co.jp/

日本書籍出版協会・自然科学書協会　会員

JCOPY <（一社）出版者著作権管理機構 委託出版物>

落丁・乱丁本はお取替えいたします.

Printed in Japan／ISBN 978-4-627-08221-2